文經家庭文庫 133

預約一個健康 Baby

郭莉莉 著

COSMAX
PUBLISHING Co.
Since 1981

文經社
Taiwan

孕育健康 Baby，
新手媽媽加油！

社會的進步以及科技的發達，十分明顯地影響了懷孕與生產——這件屬於女性一生中的大事。在醫院裡，我們看到太多年輕的夫妻把目光完全集中在如何「一次中的」的受孕、胎兒的性別與外觀、以及何時生產最是「良辰吉時」，然而真正關心如何做好懷孕前的準備、認真思考孕期營養需求的人，卻都在三姑六婆的七嘴八舌、以及門診熙來攘往的人潮中被忽略了！

台灣地區，每年約有20萬名的新生兒出生，「出生體重過輕」的嬰兒約佔6％到8％；而「出生體重過重」的嬰兒也有百分之3％到5％，這些新生兒是較易罹患疾病的一群，而它的發生當然與母親懷孕前、及懷孕時的身體健康狀況與營養攝取是否適當息息相關。許多媽媽們常在門診時問道：「究竟該如何做，才能有一個成功的懷孕過程，並且擁有一個健康的寶寶？」我個人總是提到，成功的條件只有兩個：一是良好的生活習慣，二是健康均衡的飲食。但是，這兩個條件不是只有說說而已，必須要新手媽媽們親身努力的體驗後，才能真正貫徹施行！

莉莉在營養專業的領域中，已使許多人見識到她的熱忱與努力，許多好友們都瞭解她對推廣營養教育的執著。很高興此次她又再度為即將成為母親的準媽咪們準備了這本完整而實用的參考書籍，其中涵蓋了孕前的調適及準備、懷孕中各種身體

保健方法及觀念的釐清，更將孕期
營養的重要概念與作法做了系統性的
介紹與說明，並引導出生產後寶寶
餵養的相關重要問題，和信這本
書能使許多初為人父母的年輕
夫妻受益匪淺。

　　最後，祝福每一位「有心
做人」的準爸爸、媽媽們，
願你們共同度過健康愉悅的
懷孕期，也都能順利如願
的擁有健康活潑的寶寶。

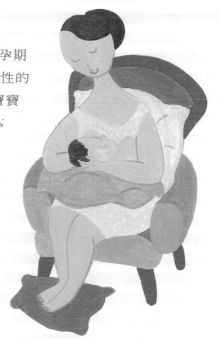

長庚兒童醫院小兒科助理教授
長庚紀念醫院營養治療科主任

周怡宏 醫師

寶寶健康的關鍵—
準媽咪的均衡營養

　　你、我，與大部份的人們都很幸運的擁有良好的健康，而且視為理所當然。然而不幸的是，現今許多正在誕生的寶寶卻承受著健康不良、或遭受著潛在的疾病侵襲的情況。據估計，每年世界上約有 200 萬懷孕的婦女面對著本身與嬰兒均可能遭遇不利結果的危險。世界衛生組織（WHO）於 2000 年調查結果顯示，每年有超過 50 萬的懷孕婦女死亡，當然，超過 90% 是發生於正在開發中的國家(1)。另有調查顯示，約有 40% 的懷孕婦女在懷孕及生產時產生併發症，15% 的懷孕婦女所患的併發症對母親及嬰兒都具有潛在的生命威脅，而需要特別的治療與照顧(2)。

　　雖然一旦懷孕之後，可能無法完全避免這些危險（整個人生畢竟也是一種危機），然而，現代醫學與營養治療已普遍的被接受，藉由有效的、容易的、與易於接受的產前照顧，可以顯著減少因懷孕所面臨的危險。有鑑於此，為了讓您與您的寶寶能處於懷孕期的健康狀況下，最重要的無非是「懷孕前及懷孕時的均衡營養」。

　　為獲取良好且正確的懷孕期營養訊息，我們對於重要的事實必須先瞭解透徹。由於電子媒體不斷的衝擊，營養訊息的傳遞較過去增加很多。從所有的研究與電子多媒體對營養訊息的傳遞看來，現今婦女對於何者是真實的？何者是誇大的？可能

比過去更加感到混淆與迷惑，仍然存留於世界上許多年輕婦女心中的主要問題是：「對我及我的寶寶而言，什麼才是最好、最適當的營養？」

　　莉莉以她廣泛的學術、臨床醫學及工廠工作經驗，在書中毫不拘泥的提供了許多已經證實的資訊，主要的內容著重於即將身為母親與其寶寶的營養需求，對所有的婦女及先生們都是非常實用的。她的這本新書以科學的角度述及懷孕的過程、基本的食物分類與孕期菜單設計、各種必需的大量與微量營養素、素食婦女懷孕時的飲食建議、迎接寶寶來臨的準備、餵哺母乳的技巧、餵哺母乳可能遭遇問題的解決方法、以及各種育嬰問題等。

　　「好東西必須與好朋友分享」，莉莉的這本書尤其值得分享。在此祝您有個愉快的閱讀時光，並祝福您與您的寶寶有一個美好、豐盛的生活！

美國營養委員會，世界衛生組織首長代表

Raymond J. Maggio

參考文獻：
1　WHO Bulletin,May 2000.
2　M.A.Koblinsky,et al.The Health of Women: A Global Perspective.
　　Westview Press,Oxford,1993.

M ost of us are fortunate to have good health, something we often take for granted. Unfortunately however, many babies born today are challenged with poor health or the potential for a high level of exposure to disease situations. There are an estimated two hundred million pregnancies in the world each year where the mothers and the babies face just such a high risk of an adverse outcome. WHO data show that more than five hundred thousand maternal deaths occur every year, over 90% are in developing countries.[1] Other data suggest that around 40% of all pregnant women have complications, about 15% of pregnant women need obstetric care to manage such complications which are potentially life-threatening to mother or infant.[2]

While the risks may not be totally eliminated once pregnancy begins, (all life after all is a risk) modern medicine and nutrition are generally accepted to significantly reduce risks through effective, accessible and acceptable maternity care. In this context, one of the generally accepted keys to a healthy pregnancy for you and your baby is balanced nutrition before and during pregnancy.

An important fact we must realize in gaining good and proven information about nutrition during pregnancy however is that there is more communication of nutritional information than ever before largely because of the increasing impact of the electronic media. In light of all the research and mass communication (or is that, 'mass confusion'?) being communicated on the electronic and mass media concerning nutrition, women today may be more perplexed and puzzled than ever before on 'what is truth and what is exaggeration?' The essential question remains in the mind of many young women throughout the world, ... what is the best nutrition for my baby and me?

LiLi's book draws freely from her extensive academic, medical and industry experience to provide well-established information useful to all women as well as their husbands on this important subject of nutrition for mom-to-be, and baby too. Her new book helps in providing scientifically sound information on the progress of pregnancy, the basic food groups and menus, essential macro and micro nutrients, dietary recommendation for vegetarians, preparation for the coming big day, the skill of breast feeding, and the common problems with breast feeding and baby caring.

Good information should be shared with others and LiLi's is especially worth sharing. Here's wishing you good reading and a wonderful, nutritious life for you and your baby.

Raymond J. Maggio

Council For Responsible Nutrition
Chief Delegate to the FAO/WHO
Codex Alimentarius Committee on Nutrition USA

Reference
1 WHO Bulletin, May 2000.
2 M.A. Koblinsky, et al. The Health of Women: A Global Perspective. Westview Press, Oxford, 1993.

給準爹地、媽咪—
產前、產後的營養密碼

　　由於工作的關係，我經常往來於各大醫院的婦產科及小兒科之間，不斷與醫護人員交換營養資訊。在醫院裡，每回看到大排長龍、滿心焦急等候門診的婦女及小朋友，以及滿臉倦容的醫師，心中總是感慨萬千的自問：「有什麼方法可以幫助大家？」所以兩年多以前，我開始利用工作之餘（夜晚與週末）記下曾經被問及的問題，再釐清一些觀念，著手寫這本書。

　　老實說，國內的醫護人員對於「營養治療」的重視仍未到達一定的水準。一方面由於醫師在學校所接受的營養課程不多，一方面也因為營養師本身始終未能創造出令人信服的成果。曾經，利用兩週自己休假的時間，到美國著名的「德州兒童醫院」參與他們的營養治療與討論的工作，發現所有醫護人員對於營養觀念的重視與藥物治療是一樣的。即使門診中的小小病患，醫師與營養師也會花上二、三十分鐘對父母親說明正確的飲食觀念及治療方式，使得在旁學習的我，對於醫師耐心的解說、教育，心裡充滿了無限的感佩，也因此帶回不少新的資訊。

　　此外，「營養治療」在特殊疾病的治療中也佔有重要的地位，不少早產兒、短腸症、唐氏症或腦性麻痺的兒童，由於在良好的營養及醫療照顧下，即使滿身插著許多的管子，小寶寶

們也能滿臉笑容、活得極有尊嚴。猶記得，一位一歲左右、住在ICU靠著靜脈營養治療的短腸症寶寶，每天去看他時，他會握著我的手、對我笑，但是看到他厚厚的病歷，我就熱淚盈眶、瀾心不捨。

反觀國內的情況，我從事營養工作近二十年，雖然大家對「營養」已較過去重視，可是在資訊快速發展的今日，不同的言論頻頻出現，甚至有些已矯往過正，使得消費者分不清何者為真、何者是可信的了！

「兒童」是家庭的重心、是國家的基柱，健康、快樂的兒童創造出健康、幸福的社會。然而，健康、快樂兒童的產生需要父母及家人的共同努力，因而藉由這本書，由淺入深的方式提供一些懷孕時的正確營養觀念，包括懷孕期營養的重要、各類食物及營養素的特點、如何選擇適當的飲食、以及國內外飲食建議的比較，此外，更以簡單的家常菜單設計讓大家具有每日飲食中「量」的觀念，也提醒素食的婦女在懷孕期必須注意的飲食問題。為了提高國內母乳的餵哺比例，特別提供許多國外

的資訊，例如各種不同的餵哺姿勢，以及國內婦女餵哺母乳所遭遇問題的解決法。希望這些新的訊息，對即將身為父母親的朋友們有所幫助，進而能擁有一個健康、快樂的寶寶。

　　在此，特別感謝好友 Coach 在撰寫當中給我許多建議，讓這本書得以順利完成。正確營養觀念的傳遞不是一個人能夠完成的，而是要靠大家相互的協助，希望這兩年努力耕耘的成果，能為每個家庭帶來健康的寶寶、讓家裡充滿幸福的笑聲！

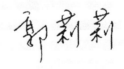

目 錄
CONTENTS

第1章　親愛媽咪「先修班」　　　　　　　　15

第2章　親愛媽咪「懷孕篇」　　　　　　　　23

第3章　親愛媽咪「營養篇」　　　67

第4章 親愛媽咪「健康寶寶篇」

第 5 章　親愛媽咪「產後的春天」　　　207

第 1 章

親愛媽咪『先修班』

Baby

1 婚前身、心的調適

> 二月十四日，情人節的當天，小敏在充滿玫瑰花香及浪漫的燭光下，終於點頭答應與稘米長相廝守，兩人決定在中國情人節、也就是七夕時步上紅毯的另一端。一連串的準備工作，大從買傢俱首飾、小至選喜帖，再加上兩家對禮俗不同看法的溝通，才發覺結婚真是一件「大事」。小敏不自覺的開始猶豫：「真的要結婚嗎？」

　　結婚絕不只是兩個人的事，而是兩家人的事。來自兩個不同背景的人，婚後要一輩子共同生活在一起，甚至於還要與雙方的家人或親戚生活在一起；接下來的，便是擁有自己的孩子及孩子的教育問題。現今社會，婦女們大都擁有自己的工作，一旦結婚了，很可能必須在家庭與事業間奔波或抉擇，要做到家庭與事業兼顧，實在不是一件簡單的事。這些種種有形與無形的變化與婚前的單身生活是截然不同的，因此，雙方在準備結婚之際，這些問題常會給當事人帶來許多壓力，使婚姻的欣喜中又帶有焦慮。所以，一旦考慮結婚時，男女雙方在心理上要稍做調適，彼此對未來可能發生的改變可先做溝通，甚至雙方家人都可參與討論，一起分享長輩們的過去經驗，這些方式都有助於婚後生活的幸福。

　　由於稘米與小敏都是專業的醫護人員，除了每對結婚的新

人所該準備的東西之外，他們也決定做一件最容易被大家忽視的事，那就是「婚前健康檢查」。

　　既然雙方決定要共同生活在一起，婚前健康檢查可以讓彼此瞭解身體的健康狀況、及家庭的遺傳史，也可以事先做好家庭計劃，孕育出健康的下一代。所以婚前的健康檢查是對自己未來的家庭負責，男女雙方都應該接受。

　　婚前健康檢查的項目除了個人身體狀況外，如血壓、心臟等，還包括家族史與遺傳疾病，如地中海貧血、血友病等；傳染病則如性病或 B 型肝炎等也是檢查的項目。此外，為孕育健康的下一代，男性需檢查精液，確定精蟲的數量；而女性則需

婚前健康檢查的內容與項目

(設有家庭醫學科或保健科之公私立醫院均可進行)

基本資料	年齡、性別、學歷、職業、住所
健康史	服藥習慣、吸煙史、飲酒史、過敏紀錄、疾病史、家族疾病史、月經史（男士免）
身體檢查	身高、體重、脈搏、血壓、視力、辨色力、聽力、腹力、胸部、泌尿生殖等
德國麻疹疫苗接種	對女性尤為重要
實驗室檢查	血液、尿液、血清檢查及胸部 X 光檢查等
傳染性疾病	B 型肝炎、梅毒、愛滋病等檢查
遺傳性疾病	海洋性貧血篩檢及家族疾病史的探討
精神疾病	依身心狀況評估結果

註：檢查時有生育計畫問卷表，供醫師參考，如有需要可增加檢查項目，最後再由醫師依檢查結果作總評，給予保健諮詢與建議。（資料來源：行政院衛生署）

測量基礎體溫，以確定是否排卵。

「婚前健康檢查」在各大醫院的家庭醫學科均可進行檢查，約一星期後可以知道檢驗結果。為自己及下一代的健康著想，想結婚的新人們都應該滿心歡喜的接受婚前健康檢查。

✦2 懷孕計劃──懷孕前的準備

小敏與祺米結婚兩年之後，有了一間屬於自己的小屋，他們把屋內佈置得溫馨可愛，接下來，倆人計劃擁有一個可愛的寶寶。於是，小敏與祺米開始討論懷孕後雙方可能面臨的問題，做好當父母親的準備。

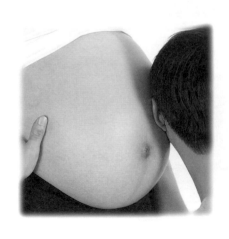

通常，婚後的一、兩年內，夫妻兩人都在適應彼此的生活習慣，等身心調適好之後，才能準備當父母。如果在沒有準備之下懷孕，彼此就必須面臨許多生活的壓力及考驗。現代忙碌的社會中，許多職業婦女常會擔心因懷孕而影響工作、或失去升遷的機會，再加上因懷孕導致身體的改

變，心裡所承受的壓力可能比男性大。此時，先生應該適時的給予妻子關懷與協助，共同為孕育下一代而努力。

由於懷孕前的身體健康狀況會影響懷孕的過程及胎兒健康，一旦兩人願意共同孕育愛情結晶時，就必須特別注意飲食的均衡，維持理想的體重；戒除抽菸、酗酒或其它不良的生活、飲食習慣，以免對胎兒的發育及成長造成影響。除了飲食之外，每天要有適度的運動，減少懷孕時的不適。若懷孕時的年齡超過了 35 歲，尤其又是第一次懷孕的話，妊娠併發症或胎兒異常的機會比較大，產前檢查及預防就更加顯得重要了。

3 可能影響胎兒成長發育的因素

除了懷孕婦女本身的飲食及健康狀況會影響胎兒的成長發育外，到底還有那些因素也會影響胎兒的健康呢？小敏聽說有些女孩在婚前藉著吸菸來控制體重，但是，不知道婦女在懷孕後繼續抽菸，會不會對胎兒造成什麼不良影響？至於喝酒，甚至喝咖啡，是否也會影響胎兒的健康？這些都是許多人想瞭解的。

香菸、咖啡對寶寶健康影響大

我們都知道菸草裡含有尼古丁，菸經過點燃後，「抽菸」

的動作，會產生許多一氧化碳。如果懷孕的婦女抽菸過多，尼古丁與一氧化碳均會經過胎盤，發生妊娠出血、胎盤脫離、早期破水的現象，使得早產兒或體重不足寶寶的出生率增加，因此，抽菸婦女產下新生兒的死亡率高於未抽菸的婦女。抽菸婦女所產下新生兒的體重也與抽菸量的多寡成正比，也就是說，抽菸量愈多，產下的寶寶體重可能愈輕，智能發展也較遲滯。同樣的，飲酒過量也可能造成胎兒畸形、體重過輕、或智能發展遲緩等現象。

　　許多人愛喝咖啡，尤其是咖啡的香味常令聞者也衝動得想來一杯。咖啡內含有咖啡因，有些許振奮精神的作用，許多人因而藉咖啡來提神。事實上，剛喝咖啡的當時也許精神會稍好，但喝完一段時間後，反而會感覺更累，其實，能讓身體獲得真正的休息，才是「再次提神」的最好方法。適量的飲用咖啡，例如每天不超過2杯，並不會對母親或胎兒造成不良的影響，只是最好不要在餐前或餐後的一個小時內喝咖啡，以免咖啡因影響了鐵質的吸收。至於食用咖啡或醬油會讓寶寶的皮膚變得較黑的說法，目前並沒有任何科學的根據來證實。

4 孕前食譜——儲備懷孕健康

當你有懷孕計畫時，首重攝食均衡、維持理想體重，以便為日後懷孕做好準備。因此，每天需從六大類基本食物中，選取適當的份量即可獲得足夠的熱量及營養。六大類食物包括：

一·五穀根莖類

米飯、麵條、麵包及甘藷等均屬主食，主要提供碳水化合物〈醣類〉與少部分的蛋白質。

二·奶類

牛奶、優酪乳、乳酪等奶製品都含有豐富的蛋白質與鈣質。

三·蛋、豆、魚及肉類

蛋、魚、肉、豆腐、豆干、豆漿都含有豐富的蛋白質。

四·蔬菜類

蔬菜主要提供維生素、礦物質與纖維，而深綠色與深黃、紅色的蔬菜，所含的維生素、礦物質比淺色蔬菜多。例如：菠菜、青椒、甘藍菜、綠花椰菜、胡蘿蔔、南瓜等。

五 ・ 水 果 類

　　水果可以提供維生素、礦物質與纖維，
例如：橘子、柳丁、木瓜、芭樂、鳳梨、香蕉等。

六 ・ 油 脂 類

　　　　　　炒菜用的油及花生、腰果等堅果類，均屬油脂
類，可以供給我們所需的脂肪。

孕前每日食譜建議

食物種類	份量	份量說明 (可任選並輪流搭配食用)
五穀根莖類 (碗)	3~6	每碗：乾飯一碗、或麵一碗、或中型饅頭一個、或吐司四片。
肉、魚、蛋、豆類 (份)	4	每份：肉或家禽或魚肉一兩（約 30 公克）；或豆腐一塊（100 公克）；或豆漿一杯（240 c.c.）；或蛋一個。
奶類 (杯)	1~2	每杯：牛奶一杯 (240 c.c.)；或優酪乳一杯 (240 c.c.)；或乳酪一片（約 30 公克）。
油脂類 (湯匙)	2~3	每湯匙：一湯匙油 (15 公克)
蔬菜類 (碟)	3	每碟：蔬菜三兩（約 100 公克）(其中至少有一份應為綠色蔬菜)
水果類 (份)	2	每份：柳橙一個、小番石榴一個、蓮霧 3~4 個、木瓜 1/4 個、葡萄 8~10 個
資料來源：行政院衛生署		

第 2 章

親愛媽咪 「懷孕篇」

baby

1 如何確定懷孕了？

最近，不知為什麼，安蒂老覺得很疲倦，上班時不太能夠集中精神，不時感覺疲倦，只想好好的睡一覺，真不知自己到底怎麼了？仔細想想，月經也好像遲了幾星期，安蒂有點緊張，不知該如何是好！幾天之後，周遭的同事也發現安蒂的情緒變得較憂鬱與脆弱，在百般招供之下，她終於說出了心裡的憂慮。沒想到，辦公室突然間充滿了喜氣，「恭喜」聲不絕於耳，當然，更多的經驗分享者提供了許多資訊，也解決了安蒂心中的疑問。

簡便的驗孕方法

通常月經週期規則的婦女，如果月經過期一星期左右，就應懷疑是否懷孕了。要知道是否懷孕有幾種驗孕的方法：

一．尿液測試：

女性懷孕時，體內會分泌一種激素，這種激素稱為「人類絨毛膜性腺激素」，存在於尿液及血液中。一般市面上所售的驗孕劑即是利用此激素抗體與尿液中的抗原結合，而呈現出的反應來判斷。測試方法很簡單，只要按照驗孕劑上的說明，將尿液以滴管吸取至測試卡上，幾分鐘之後，取出測試卡比對，即可知是否懷孕了。此方法既快速又方便，一旦自行驗出可能懷孕時，最好再找專業醫師確定，以免有所誤失。

二‧血液測試：

如前段所述，懷孕時血液中含有某種特定的激素，因此，可到醫院中抽血檢驗是否懷孕。

三‧陰道超音波檢查：

可到婦產科檢查，以陰道超音波直接檢試子宮產生的變化來判定，既安全且方便。

2 懷孕後的身體變化

除了在藥房自行買驗孕劑外，為了進一步的確定，安蒂也同時去醫院檢查，結果證實夫妻有了愛情結晶。但是，她想到同事以前曾經大腹便便的樣子，再想像懷孕以後，體重會增加、行動變得遲緩、人也會跟著變醜，心裡是既高興又害怕。於是，她開始看些與懷孕相關的書籍，並請教長輩及婦產科醫師等專家學者，讓自己對懷孕的過程有更多的瞭解。

我的身體怎麼了？

每位婦女在懷孕之後，身體會不知不覺得產生許多變化，有些很明顯，有些卻比較細微而不易被發覺。其中最明顯、也

最容易感覺到的是子宮的變化。懷孕時，子宮是母親提供胎兒營養的一個主要通道，它會產生許多未懷孕前體內循環所沒有的荷爾蒙來保護子宮，並供給胎兒適當的滋養。

血清蛋白過低易造成水腫

懷孕期間，血液量會比懷孕前增加50％左右，由於血液量的增加，使得血中某些物質的含量，如血紅素、白蛋白、血清蛋白及水溶性維生素等均會相對的降低。如果血清蛋白濃度過低，可能會導致水份滯留於體內，因此有些懷孕的婦女會有水腫的現象產生。

初期血壓會下降、呼吸易感困難

既然懷孕時血液量會增加，心臟為了壓縮增加的血量，心肌會稍微的增大，脈搏也因而增加。也因為血液量的增加，懷孕的婦女則需要更多的氧，且對二氧化碳的耐受力也較一般人低，所以有時比較容易感覺呼吸困難，呼吸的次數也會增加；此外，腹中的胎兒會將母體的橫隔膜向上推，也可能導致母親呼

吸上的困難。一般而言，懷孕時的血壓會下降，一直到懷孕後期才會逐漸恢復正常。

噁心、嘔吐、食慾增加、胃腸道蠕動減少

我們身體對於某些營養素的吸收，例如鈣，會因懷孕而自行增加，以達到懷孕時的額外需求及利用。但是懷孕後，由於體內賀爾蒙分泌的影響，使得胃腸道有所改變，包括噁心、嘔吐、食慾增加、胃腸道蠕動減少、或對某些食物有特殊的喜愛或厭惡。腸胃道的改變會直接影響母親身體的營養狀況，而母親身體的營養狀況卻會影響體內胎兒的成長，這些都是息息相關的。在腸胃道改變的情況下，飲食的調整就相對顯得更為重要了！

3 預產期的計算

瞭解了懷孕的過程之後，安蒂覺得情緒比較穩定，心情也跟著好起來，接著，就開始計算什麼時候可以見到自己的寶寶了！

懷孕週數的計算方法，是以最後一次月經來時的第一天為懷孕的第一天，而正常的懷孕期應為 40 週，寶寶才會成長發育完全。也就是說，懷孕第 40 週之後即要準備迎接寶寶的出世，而「預產期」就是懷孕的第 40 週時。如果對於預產期的計算不瞭解，通常在產檢時醫師會告知預產期。如果懷孕期介於 26 週到 37 週就提前出生的寶寶，我們稱為「早產兒」，而出生體重低於 2,500 公克的寶寶，稱之為「低出生體重嬰兒」。

4 嗨！跟著我 10 個月的小寶貝

當安蒂知道自己懷孕後,常感覺到有一個小生命在身體裡跟著自己活動,當自己感覺餓時,就很自然地想到：寶寶會不會餓。她也常常在想，這個小傢伙是怎麼來的？他長得又是什麼樣子？像不像自己，還是像他的爸爸？ 寶寶在肚裡跟著自己的日子，會不會有什麼問題？還要跟著自己多久才能和大家見面？一連串的問題常在心裡打轉。

受精

其實，當爸爸的精子和媽媽的卵結合的那一刻，我們稱之為「受精」，即是一個新生命的開始。

受精卵人約在受精後的30小時開始進行分裂，7到10天內受精卵會在子宮中著床完成，在這段分裂及著床的時期中，受精卵並不容易因畸型因子的侵襲而受到影響。

受精後第 4 週

受精後的第4週，寶寶已有頭和軀幹之分，軀幹上的突起在以後會發育成手、腳，而消化管、肝臟、肺臟、眼、耳、鼻、口及四肢等器官會逐漸成形。胎兒的中樞神經系統及心臟已進行發育，心臟開始跳動，可藉由血液循環運送養份至胚胎，也可將廢物排出。

4 ～ 8 週（第二個月）

第4到8週胎兒的心臟及四肢等繼續進行發育中。寶寶長出了手指及腳趾，腦部開始發育，主要器官也都開始逐漸出現。

8 ～ 12 週（第三個月）

第8到12週，這幾週內細胞仍不斷增殖，形成器官。大

部份的身體組織分化完成,細胞並繼續增殖,胎兒逐漸長大。寶寶頭上出現了頭髮,牙床上也出現了牙苞,以後會發展成為牙齒。懷孕初期是細胞分化、器官形成期,較易受到畸形因子的侵害,而畸形因子包括基因遺傳及環境因素,如幅射、藥物、病毒、感染等。

13～16週(第四個月)

第13到16週,寶寶已成形,心臟已能跳動,也會吞嚥及排尿,媽媽更能感覺到寶寶踢腿的動作。此時媽媽可以按摩肚子和寶寶溝通,可能有助於嬰兒未來智能、骨骼與肌肉的發育。

17～20週(第五個月)

第17到20週,此時期為寶寶在媽媽肚裡迅速成長的時期,寶寶逐漸能夠翻身,且開始有規律的睡眠及活動。

21～24週(第六個月)

第21到24週,寶寶的皮膚呈粉紅色,且有皺紋及汗毛,寶寶有時能張開眼睛、握緊小手。

25～28週(第七個月)

第25週到28週,這個時期的寶寶已經會吸吮拇指,而且

寶寶十個月發育圖

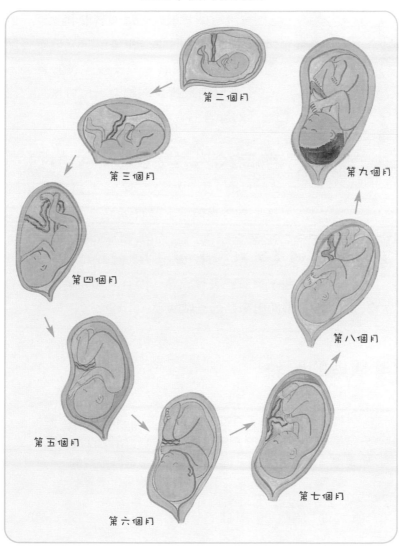

第二個月

第三個月

第四個月

第五個月

第六個月

第七個月

第八個月

第九個月

它的四肢能伸展和踢動，骨骼也逐漸堅硬，唯有頭骨較軟，以便於順利生產。此時寶寶的聽力已進一步發展，父母親可以與肚裡的寶寶說話，或聽些柔美的音樂，不僅可刺激寶寶的聽力，也可增加自己的舒適感。

29～32週（第八個月）

第 29 週到 32 週，寶寶長得較大，身體較不易轉動。

33～40週（第九、十個月）

第33 到40 週，寶寶已發育成熟，而且身體開始下降到骨盆腔，頭朝下，準備出來見爸爸媽媽了。

5 快樂的胎教

> 寶寶在媽咪的子宮裡時能知道外面的事情嗎？他能分辨媽咪及爹地的聲音嗎？聽得懂媽咪所放的音樂嗎？如果沒有親身的體驗，這些問題恐怕是很難瞭解的。

所謂的「胎教」，是從胎兒出現的第一天，亦即受孕的第

一大開始，一直到出生為止，在這一段時間內父母所給予胎兒的一種教育，即稱為胎教。胎兒在母親的子宮裡成長約 10 個月，但是大約在第 5 個月的時候，胎兒就逐漸有聽覺上的反應，對於外界的聲音如母親的心跳及血液的流動，都會有所感受。所以，當母親沉醉在柔美的音樂聲中時，母親的心跳及血液會隨著音樂節奏而律動，子宮裡的胎兒也因而能感受到外界優美的音樂，藉以刺激胎兒腦部分泌一些激素。如此，可以提昇寶寶將來的情緒智商（EQ），也可能增加寶寶身體的抵抗力，所以「胎教」對胎兒的發育成長有顯著的幫助。

柔和的環境、音樂、故事、童謠

準媽咪們不妨每天選擇一個安靜、柔和的環境，放一些輕柔的音樂、說一些溫馨的兒童故事、自己唱些可愛的童謠，或是撫摸著肚子，輕輕的將心中的話告訴寶寶，常保持愉快的心情，多和寶寶說話，讓寶寶熟悉妳的聲音。當然，準爸爸們最好與媽咪一起與寶寶說話、談心，相信您們一定會擁有一個聰明、活潑又可愛的寶寶。

6 不可不知的產前檢查

為了讓肚裡的寶寶順利成長，也為了讓寶寶平安降臨，安蒂聽從醫師的建議，定期到產科做產前檢查，不僅可以知道自己的身體健康狀況，也可以瞭解寶寶的成長情形。

對每一位孕婦而言，產前檢查是重要且必需的，產前的健康檢查不僅可以儘早發現懷孕期間所產生的問題，既使有了問題也可以事先防範，讓生產過程順利，且預防胎兒異常的問題發生。

懷孕初期，比較容易發生流產的現象，因此，定期產前檢查是必須的。一般而言，月經遲來 6 週左右就必須到醫院檢查，以確定是否真的懷孕了。完整的產前檢查次數為 15 次，但目前全民健康保險則給付十次。懷孕 28 週前，每 4 週檢查一次；懷孕 29 - 36 週，則是每 2 週檢查一次；而懷孕 37 週後，每週檢查一次。高危險妊娠或妊娠併發症的孕婦，應視其情況而增加檢查的次數。

產前檢查的一般檢查項目包括詢問過去的病史、身體的各種檢查、及實驗室內的各項檢驗。必要時，在懷孕第 16 週開始做

特殊的檢查，例如唐氏症篩選，但需由孕婦自行負擔費用。檢查的內容可參考以下的檢查表。

特殊產檢項目

　　某些情況下，需做一些特殊的檢查。

一‧海洋性貧血：

　　「海洋性貧血」是台灣常見的單基因遺傳性疾病，約有 6 ％的人是帶因者，但其身體狀況與一般人類似。常見的有甲型和乙型兩種，夫妻若為同型帶因者，則每次懷孕，其胎兒有 25 ％機會為正常，50 ％為帶因者，而 25 ％為重型患者，重型患者將會影響孕婦或胎兒之生命及健康。

　　因此，懷孕 6-8 週之產前檢查時，應抽血檢查「平均紅血球體積」〈即 MCV〉。若孕婦 MCV ≦ 80 者，需進一步檢查先生紅血球體積；夫妻的 MCV ≦ 80，則需將二人的血液檢體送至衛生署評鑑合格的基因檢驗機構，以確定「海洋性貧血」因子型態。如果夫妻為同型帶因者，每一胎都應做胎兒的海洋性貧血的基因確認檢查，以便及早確定寶寶的健康情形。

二‧羊膜穿刺術：

由羊水腔中抽取羊水，再以細胞培養的方式檢查胎兒染色體是否正常。如果懷孕時的年齡超過35歲，或過去曾經有染色體異常的胎兒，在懷孕15至18週時，醫師則會建議做此項檢查，觀查胎兒是否畸形，如唐氏症可用此項來篩檢。

三‧絨毛取樣：

採取胎盤中的絨毛細胞，以診斷胎兒基因是否異常，例如地中海型貧血。懷孕10週左右即可進行此項檢驗，也可藉此檢驗判定胎兒的性別。

四‧超音波胎兒篩檢：

利用超音波來檢視腹中胎兒的生長狀況，包括外形、以及各器官的發育情形，做一個通盤的瞭解。檢查的時間沒有特殊

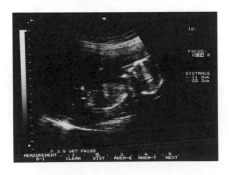

的限制，懷孕期間通常都做三次超音波檢查。第一次是在懷孕10週前，以確定胎兒的週數；第二次是懷孕5個月左右，可觀察胎兒是否發育正常；第三次約是在懷孕34週時，以超音波檢測胎盤功能及胎兒發育是否正常，也能檢驗出是否懷有一個以上的胎兒。

　　自從全民健康保險開始實施之後，孕婦可以享有免費的產前檢查及生產時的優惠。只要確定懷孕之後，可在加入全民健保的特約醫院或診所的婦產科獲取一本「孕婦健康手冊」，在懷孕期間則可以接受 10 次免費的產前檢查，而且每一次的檢查結果都會由產科醫師確實的記錄在手冊內，孕婦可以持個人記錄在不同的醫療機構進行產檢。

產前檢查的內容

妊娠週數		檢查項目
第 6 週	驗孕	ABO 血型
	驗血	Rh 血型
		血色素檢查 (Hb)
		平均紅血球體積(MCV)/ 海洋性貧血
		血小板 (Platelet)
		梅毒血清反應 (VDRL)
		B 型肝炎表面抗原 (HbsAg)
		B 型肝炎 e 抗原 (HbeAg)
		德國麻疹抗體 (Rubella IgG)
第 8 週	回診，看檢查結果，必要時，進一步檢查	心臟聽診
		骨盆腔檢查
		子宮頸抹片檢查
第 16-18 週	抽血做唐氏症篩檢	
	高齡產婦接受羊膜穿刺術	
第 20-22 週	超音波胎兒篩檢	
第 24-28 週	50 公克葡萄糖糖尿病篩檢	
第 32-34 週	胎兒生長超音波評估	

資料來源：中華民國周產期醫學會

7 懷孕時的適當運動

安蒂在懷孕之後仍維持以往運動的習慣，利用傍晚或假日去游泳，但年長的婆婆卻三番兩次的勸說，甚至偶爾會板起臉來告誡，希望安蒂為寶寶的健康、安全著想。懷孕時到底能不能運動？哪些運動是比較適合懷孕的婦女？這些都是安蒂以及所有懷孕的婦女想知道的！

我們都知道，適當的運動可以控制體重、降低身心的壓力、減少便祕的發生。如果懷孕前即有運動習慣的人，懷孕之後仍然可以保有原有的運動，但是如果過去懷孕時曾經有習慣性流產或早產的情況發生，再次懷孕時就要特別注意運動「量」及運動「方式」了。或者，懷孕過程中發生下腹部疼痛、出血或破水的現象時，也必須對運動有所限制。

到底哪些運動對孕婦是「適當」的運動？一般而言，如散步、游泳等有氧運動比較合適，而運動時的心跳，則以每分鐘不超過140下為原則。如果平日沒有運動

習慣的人，可以先從散步開始，每週 3 ～ 5 次，每次 30 分鐘；至於籃球或羽毛球等劇烈運動，容易傷害腹部或子宮，應該避免。懷孕時，從事適度的運動是好的，只要不是太過激烈，對母體或胎兒即是可以接受的。

「爬樓梯助產」是錯誤觀念

　　一般人都認為爬樓梯對生產時會有幫助，所以常聽到孕婦以爬樓梯為一種運動方式，其實這是一個錯誤的觀念。懷孕後，尤其在懷孕的後期，因子宮內的胎兒成長得愈來愈大，孕婦為了維持身體的重心，走路時腰椎會自然的彎曲。這個時候，如果以爬樓梯當作運動，在下樓時則很容易因重心不穩而摔倒，這一點孕婦及其親友必須特別注意。

「散步」是最安全有益的運動

　　散步，對懷孕的婦女而言，可以說是一項比較好的運動。傍晚吃過飯後，與家人到戶外走走，既可增進家人間的感情，也可以幫助自己生產順利。

8 乳房護理—準備餵哺母乳

當預產期逐漸接近時,安蒂即開始擔心產後的一些問題,尤其是「母乳的餵哺」。餵哺母乳並不是產後的事,在產前就必須開始準備了。

「餵哺母乳」對寶寶、媽咪幫助大

餵哺母乳對母親來說,可以促進子宮的收縮,加速產後子宮的恢復;母乳的生成需要熱量,所以餵哺母乳的婦女產後身材恢復較快;此外,罹患乳癌的機會也比較低。對寶寶而言,母乳裡含有寶寶生長所需的各種營養素,不論質與量皆符合寶寶的需求,尤其是初乳,顏色雖黃,卻含有最豐富的營養;母乳裡還有許多免疫物質,例如免疫球蛋白等,因此餵哺母乳的寶寶比較不容易生病。然而,餵哺母乳的最大好處,在於增加親子之間的感情,母親會有一種滿足感與被需要感,而寶寶藉由母親的擁抱及撫摸,對寶寶的生長及未來人際關係的發展都有正面的影響。因此,在您身體及環境狀況許可下,建議您親自餵哺母乳。

「乳房護理」,為哺乳做準備

懷孕後,乳房內部與外觀都開始產生變化,為將來哺乳做準備,如果您想產後餵哺母乳,在懷孕六、七個月時就應該開始乳房護理,為產後哺乳做好萬全的準備。但是,很多第一次

乳房護理

(當您懷孕六、七個月時，每天早、晚可做一次)

一 · 先以溫水將毛巾潤濕，少許肥皂抹在溫水毛巾上，再將毛巾由乳頭周圍開始依序向外、環形方式擦洗整個乳房，但避免用肥皂直接擦拭乳頭。

二 · 以毛巾擦洗乳房後，在乳頭抹上少許的潤膚液，拇指及食指以旋轉方式輕揉乳頭十分鐘，此目的是在增加乳頭的彈性。

三 · 以食指及中指夾住乳頭，如果乳頭太短未突出在外，可以拇指與食指捏住乳頭向外輕拉十次、加以矯正。須注意的是，如果過去有早產經驗的人，再次懷孕時則必須避免過份刺激乳頭。

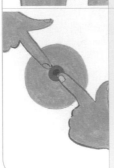

四 · 如果乳頭太過凹陷，可利用「霍夫曼運動」護理：以兩手食指置於乳暈兩側邊緣，將乳房向下壓之後，不要放鬆，兩手繼續往外側牽拉，然後再放開。如此反覆，以順時針方向將整個乳房做一圈，可逐漸使乳頭凸出。

當媽媽的婦女，不知道該如何護理自己的乳房，又不好意思開
口問，所以，特地在此提供準媽媽們一些具體可行的乳房護理
方法與技巧。

❾ 容易疏忽的牙齒保健

> 「妳沒聽說過『生一個孩子，掉一顆牙』嗎？多吃些
> 鈣片吧！」佑芳的婆婆又在擔心她的媳婦及未來孫子的
> 健康了。生了孩子真的會掉牙嗎？這是傳說還是真的？

懷孕時由於生理上的各種自然變化，的確會加速牙齒與牙
周的病變。例如：胎盤所製造的賀爾蒙進入母體的血液循環，
作用於牙齦上的微血管，使得牙齦充血及腫
脹，造成所謂的「懷孕期牙齦炎」，
這就是為什麼懷孕時會覺得口腔
極度不適的原因。此外，懷孕時
期口味的改變、進食的次數與
量均較平日多，食物殘渣容易
累積在齒縫間，導致蛀牙的機會
也增多。因此懷孕其間不僅要注
意營養的攝取，更要注意口腔
的清潔衛生。

慎選潔牙用具是第一步

懷孕期間該如何做好口腔的清潔衛生呢？首先在用具方面的選擇要正確：

牙　刷：以軟毛較適當，可以避免腫脹的牙齦受到傷害。

牙　線：由於牙縫易滋生牙菌斑，牙線是用來清潔牙縫最好的工具。

漱口水：漱口水可以減少牙菌斑的聚積，懷孕時可請教醫師，適當的使用漱口水。

除了選用正確的用具外，更要勤於牙齒的清潔工作，不可因為懷孕時的行動不便而減少刷牙或漱口的次數，而且，在刷牙時也要注意清潔牙齒的每一面。懷孕時如果牙齦腫脹或發炎，應至設備齊全的醫院治療，最好請產科醫師一起會診。不可自行購買成藥服用，以免影響胎兒的健康。

準媽咪的眼睛保健

> 　　美玲有一雙明亮的大眼睛,雖然有些近視,隱形眼鏡還能幫助她顯示那雙眼睛。自從懷孕之後,美玲覺得眼睛有些不適,因而改換成一般的眼鏡,沒想到這卻成為她心中的一個結,因為美麗的雙眼被鏡框遮住了!難道孕婦真的不能戴隱形眼鏡嗎?

孕期應儘量避免戴隱形眼鏡

　　懷孕時,體內黃體素的增加、以及電解質的不平衡,使眼角膜及水晶體內的水分增加,易引起眼角膜的輕微水腫,視覺的調節能力也減弱。懷孕期間,眼角膜的厚度也會增加,導致角膜的敏感度降低,因而影響了保護眼球的功能。此外,懷孕也會使得淚液分泌量減少,眼睛經常會覺得乾澀。因此,平日有戴隱形眼鏡的人,在懷孕期間最好暫時不要佩戴隱形眼鏡,如果一定要戴時,也應減少配戴的時間,以減輕眼睛的負荷。

　　配戴隱形眼鏡時,應審慎挑選適合的眼鏡保養藥水,並徹底執行「清潔、沖洗、消毒、保存」四個步驟。除了藥水外,隱形眼鏡的保存盒也應定期清洗,並放入熱水中消毒後、風乾、再使用。每星期應做一次去蛋白的工作,將殘留於鏡片上的沉澱物清除,才能真正的保護眼睛。

11 了解「產程」的變化

當懷孕進入第 33 週時，雖然都按時進行產前檢查，但瑞娟的心情還是有點緊張及害怕，不知寶寶是否會乖乖的待在媽媽肚子裡，直到適當時機才出來？也不知道生產時是否順利？常聽婆婆、媽媽及好友們把生產視為一生的最痛，瑞娟決定下次產檢時要請教醫師，好讓自己安心。

任何「出血現象」應儘速就醫

懷孕的婦女應按時進行產前檢查，以確保母親及胎兒的健康。懷孕 20 週內如有出血現象，通常是流產的徵兆；懷孕 20 週至生產之間發生出血現象，則可能是前置胎盤或胎盤早期剝離。因此，懷孕過程中如有任何的出血現象，都應儘快就醫。

紀錄每 10 次胎動時間

懷孕 33 週後，每日應在固定時間安靜的躺著，自行測量、並記錄胎動的情況，但儘量避免在空腹時測量胎動。媽媽可以安靜的躺著，計算 10 次胎動所需的時間，如果 10 次胎動所需的時間超過 30 分鐘，應該 1 天之內再多測一、兩次，加以確定；如果一天內每 10 次胎動均超過 30 分鐘，就必須到醫院檢查胎兒的情況了。懷孕 37 週之後，子宮的收縮可能會引發早產，如果有早產現象時也應儘快就醫。

分辨真陣痛、假陣痛

　　生產前，由於子宮的收縮會產生疼痛感，我們稱為「陣痛」，此意味著分娩即將來臨。如果間歇性的疼痛只出現於腹部，而且疼痛的程度會隨著姿勢的改變而稍微減輕，這是所謂的「假陣痛」，常發生在分娩前的三、四週或數天內。如果疼痛是間歇性且有規則的，並不會因為姿勢或運動而有減緩的趨勢，反而疼痛不斷持續且加強，這就是「真陣痛」。一般初產婦約為十幾個小時，經產婦則是八小時左右，真陣痛會使子宮頸柔軟、變薄且能擴張，以便胎兒的出生。

　　一旦產婦發生真陣痛之後，即應送進產房待產，產房內的設備包括產檯、一般急救設備及心音監測器，醫護人員會為家屬及產婦說明生產過程，並教導正確的呼吸方式。如果先生在太太懷孕期間曾經共同參與各種有關生產資訊的學習，可在太太生產時一同進入產房，必要時可給予產婦適當的協助，以減輕生產時的痛楚。

12 「自然產」與「剖腹產」哪個好？

在辦公室閒聊時，常聽到大家對生產時的疼痛有不同的感受，有人覺得生產是天下第一痛，也有人認為尚可忍受。至於是否該選個黃道吉日剖腹產，一方面可以給孩子天生的好命，另一方面可以減輕自己生產時的疼痛，對於剖腹產後身上所留下的疤痕，大部份的人都非常介意。「自然產」與「剖腹產」哪個好？各人看法不同！

自然生產的四個產程

產婦的子宮收縮力夠強，沒有產程遲滯或其它產道阻塞，均可實行自然生產。所謂「自然生產」，是不使用器械或開刀，經由產道生產的方式。整個生產過程可以分為四個階段：

第一產程：從真正產痛開始到子宮頸全開為止。

第二產程：從子宮頸全開到胎兒分娩。

第三產程：從胎兒分娩後至胎盤娩出。

第四產程：從胎盤分娩出一小時內稱之。

一般而言，產婦住院後，至少一個小時內需做內診檢查一次，包括子宮頸口張開的程度、子宮頸變薄的程度、及胎兒下降的程度，藉以判斷產程的進行。產程中若遇特殊狀況，則可以骨盆攝影及胎兒監視器做為特殊處理的依據。

產檢時，如果發現骨盆腔狹窄、胎兒太大、前置胎盤、胎盤早期剝離、前一胎剖腹產的切痕是直的，以及因妊娠毒血症致使無法控制的高血壓或水腫等情況，在生產前經由醫師的指示及安排，可進行生產時剖腹產。此外，產婦如果產程遲滯，亦即初產婦於真正產痛後 20 小時、經產婦於 14 小時內子宮頸的擴張程度不夠時，或是胎兒窘迫如胎兒頭部無法下降的緊急情況，均應進行剖腹產。

應以「自然產」作為優先選擇

「自然產」與「剖腹產」哪一種較好？事實上，各有其優缺點。「自然產」是先經歷生產的痛苦，稍做休息之後，就比較輕鬆了。一般人比較擔心的是產道經過胎兒的推擠及擴張，肌肉會較為鬆弛，可能影響日後夫妻的性生活。其實不必擔心，因生產而影響幸福的並不多，更何況必要時醫師均會做產後的修補。「剖腹產」雖不必經歷生產時的痛苦，但產後的疼痛卻比自然產更劇烈且時間長，而且身上也會多一條疤痕。有些人為了挑選黃道吉日而進行剖腹產是不必要的，上帝既然給予婦女孕育生命的使命，就應該以自然的方式作為優先的選擇。

胎兒產出後，醫護人員以止血鉗夾住臍帶並剪斷，再將胎兒置於檯上擦淨身體、點眼藥、量體重、並做各項健康評估。產婦於生產後，醫師會將會陰縫合、修補，測量心跳、血壓，檢視產道及惡露分泌量、子宮的收縮及位置，若無任何異樣，產婦可於二小時內送入一般病房休息。

13 準媽咪待產及嬰兒用品的準備

　　當知道自己懷孕時，大部份的準媽咪們會陸續開始添購小寶寶的衣物，因為嬰兒時期是一生當中發育最快的時期，寶寶的體重及身長增加的很快，所以衣物不要一次購買太多，以避免寶寶長得太快而穿不下，也就浪費了。初生寶寶的皮膚極為細嫩，所以衣物應以純棉、吸汗、好清洗為主。

　　準媽媽們如果擔心有所遺忘，最好事先列一個清單，把寶寶及自己所需要的用品一一列出，在生產前都準備好。

一‧準媽咪待產用品：

用 品	數 量
寬鬆的棉質衣物	數件（以供換洗）
哺乳胸罩	數件（以供換洗）
盥洗用具	一套
產褥墊	一包
夜安型衛生棉	一包
外陰部沖洗器	一個
溢乳墊	數盒
除紋霜	一瓶

二·嬰兒用品

1. **餵哺用品**（如選擇餵哺嬰兒配方奶粉）：

用　品	數　量
小奶瓶（120 cc）	3 支
大奶瓶（240 cc）	3 支
吸奶器	1 個
溫奶器	1 個
奶瓶刷	1 只
奶嘴	6 個
奶瓶夾	1 只
外出奶粉、奶瓶攜帶盒	1 組
嬰兒配方奶粉	1 罐

2. **衣　著**：

用　品	數　量
紗布內衣	3～6 件
棉布內衣	3～6 件
棉質長袍	3 件
紗布手帕	6 條
護手套	3 件
襪子	3 雙
帽子	2 件
棉質包巾	2～3 條
安全別針	6 個

3.清潔用品：

用 品	數 量
尿布	1~2包
嬰兒浴盆	1個
沐浴乳	1瓶
潤膚乳液	1瓶
爽身粉	1瓶
紗布巾	6條
棉質大浴巾	2條
棉花棒	1~2盒

4.生活用品：

用 品	數 量
嬰兒床	1個
枕頭	1~2個
毯子	1件
小棉被	1床
紋帳	1個
體溫計（或耳溫槍）	1個
小指甲刀	1個
外出推車	1個
汽車安全座椅	1個

14 準媽咪的衣著怎麼穿？

舒適是首要原則

　　隨著懷孕週期的增加，母親的體型也逐漸改變，所以穿著應以舒適為主。顏色可選擇鮮明、輕柔的色彩，夏天質料應以吸汗的棉質為佳，冬天則可選用輕柔保暖的羊毛質料。

　　內衣必須以舒適、好清洗為原則，棉製品就是一個好的選擇。懷孕初期，身體的變化不大，可以繼續穿以前的內衣；但懷孕後期，乳房逐漸隆起以備哺乳之用，所以胸罩的尺寸就必須加大了。

　　至於衣著的樣式，設計重點可以放在上半身，以掩飾體型的改變；寬大的領口較舒服；衣服的下襬則可以有荷葉邊或口袋，會使腹部看起來不那麼明顯、突出。一般以較長的 T 恤或圓領衫最為理想，長褲則以能調節腰部寬鬆的束帶褲子較好。因孕婦彎腰較不方便，鞋子則以低跟、不繫鞋帶的簡便式樣為原則。

15 準媽咪的工作及居家生活

現代的辦公室工作幾乎是每人一台電腦，所以許多人一旦懷孕之後即開始耽心：電腦散發出來的磁波是否會影響胎兒的成長？事實上，電腦散發的電磁波量很小，而且是由電腦後方散出，目前並沒有任何研究結果證實電腦會影響孕婦或胎兒。面對電腦工作的準媽咪們不必太過耽心，如果還是不放心的話，可以穿上防電磁波的圍裙來保護。

懷孕初期容易引起流產，而懷孕後期則容易引起早產，所以孕期的居家生活也必須稍加注意。不要長時間的站或坐，應經常變換姿勢，比較不會感覺疲累；不要攀爬高處、或墊起腳尖取物；也不要直接彎腰撿拾地上的物品，而應彎起膝蓋、蹲下後再撿起地上的物品；不要提重物；上下樓梯時應扶著樓梯的把手，一步一步往上，腰部也需挺直才好。

外出時，最好不要騎機車，以免機車的過度振動而發生意外；準媽咪們自行開車外出，開車時間也不要過長，最好在一小時之內，以避免壓迫腹部過久。外出時，最好有他人相伴，避免去人多、擁擠的地方，避免走太久，以免發生暈眩的現象；購物時，不要一次買太多，避免提取重物。儘量避免長途旅行，如需旅行，應事先做規劃，並請教醫師再成行，旅途中也不要太勞累。在此提醒大家的是，一般航空公司限制懷孕35週以上的孕婦搭乘飛機，如果您計劃旅行，應儘量提早規劃。

16 準媽咪的「性」福生活

　　每位婦女在獲知自己懷孕後，心情可能與瑞娟一樣，對未來將近 10 個月的日子，既充滿了期待，又有些擔憂，因為瑞娟不知道在這段懷孕的日子裡該如何與先生相處，這是個「愛在心裡口難開」的問題，不好意思說，更不敢問。可是，到底要怎麼做才能不傷害胎兒，又能維持夫妻間的需求與協調？

　　未懷孕之前，夫妻間行房的次數及姿勢都沒有一定，只要雙方能接受，都是可行的。然而，懷孕之後，婦女對於性行為的慾望會自然降低，主要的目的是在保護胎兒，但是這並不表示懷孕期間不能有性行為，而是必須注意動作要輕柔。

　　懷孕初期，由於受精卵剛附著於子宮內，因此夫妻在性交時應避免過於劇烈的動作，以免導致流產的發生。懷孕中期之後，由於腹部逐漸隆起，為了不壓迫腹部，最好是採取側臥、或男下女上的姿勢，但必須注意的是，彼此動作要「輕柔、緩慢」，以避免傷害到母體或胎兒。然而，在懷孕初期或後期時，如果有陰道出血或腹部疼痛的現象，應禁止行房；至於懷孕期間患有特殊疾病的婦女，例如高血壓、妊娠毒血症、心臟病的準媽咪們，也應避免行房，以確保媽咪及寶寶的安全。

17 產前運動與呼吸技巧

一‧任何階段皆可做的產前運動

1. 腿部運動

功效：使骨盆肌肉強韌，增加會陰部肌肉的彈性，以利生
產。

❶

作法：**❶** 手扶椅背，左腿固定，抬起右腿。

　　　❷ 右腿作 360 度的轉動，做畢後還原，再換腿繼續做。

叮嚀：椅子高度與身高成正比，椅子不可有輪子，以免重心不穩。每天早晚各做5~6 次。

2. 腰部運動

功效：減少腰部之酸痛，並可幫助生產時腹壓增強及會陰
部之彈性，以利生產。

作法：❶ 手扶椅背，慢慢吸氣，同時手臂用力，使身體重
力集中於椅背。

❷ 腳尖立起,使身體抬高,腰部挺直,然後慢慢吐氣,手臂放鬆,腳還原。

叮嚀： 椅子高度與身高成正比,椅子不可有輪子,手扶椅背時,肘關節應呈現伸直狀態,不能彎曲。每天早晚各做5~6次。

3. 肩胛部與肘關節的運動 ─────────────●

功效：減少背痛；強壯胸部及乳房肌肉之張力。

作法：**❶** 盤腳交叉而坐，肘部彎曲。雙手張開五指，扶於肩上。

❷ 保持兩上臂成一直線，然後肩關節由前往後旋轉，回到
前方後，再往另一方向旋轉，做5~6次。

4. 蹲踞運動

功效：保持身體平衡及強壯骨盆
肌肉之張力。也是幫助分
娩的最佳姿勢，有助生產
順利進行。

作法：❶ 手扶椅背，兩腳分開
與肩同寬，腰部挺直。

❷ 肩、腰與臀成一直
線，由上慢慢往下蹲，再
慢慢起來。

5. 雙腿抬高運動

功效：促進下肢靜脈血液回流。
伸展脊椎骨及臀部肌肉張
力。

作法：平躺仰臥，雙腿垂直抬
高，足部抵住牆，可維持
3~5 分鐘後放下，每天反
覆練習數次。

二‧懷孕三個月後，可施行的運動

1. 盤腿坐式

功效：鍛鍊腹股溝之肌肉及關節處韌帶之張力。防止懷孕末期，由於膨大的子宮壓力所產生的痙攣或抽筋。

作法：平坐於床墊上，兩小腿平行交接，一前一後，兩膝遠遠分開，每天一次，每次由5分鐘增至30分鐘。

2. 盤坐時的運動

功效：增加小腿肌肉張力，避免鼠蹊部扭痛或脛排骨部之痙攣現象。

作法：平坐後將兩蹠骨併攏，兩膝分開後，雙手平放於踝關節上，然後利用手臂力量扶持，小腿一伸一屈，每天一次，一次5遍。

三‧呼吸技巧

1. 胸腹部均勻呼吸運動 ————————————————●

功效：幫助胎兒對氧氣的吸收，促進胎血循環。

作法：集中注意力，閉口吸氣，利用鼻孔，以最大幅度深吸一口氣，口腔保持閉合，將吸入的氣體先吸到胸，經橫膈膜到腹腔，使腹部充盈而突起，再將吸入的氣慢慢由鼻腔呼出（下圖）。

2. 腹部深呼吸運動 ———————————————————●

功效：在第一產程開始時，以腹部呼吸之原理，可減少疲勞及子宮收縮產生腹部的壓力。

作法：平躺仰臥，雙手平放身體兩側，閉口吸氣將空氣運到腹腔，使腹部凸起，胸不動，再將氣由鼻腔慢慢吐出（下圖）。

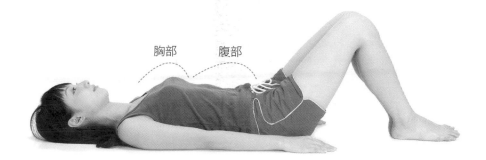

胸部　　腹部

3. 胸式呼吸運動 ————————————————————————————————●

功效：於第一產程末期，子宮擴張到接近全開時，由於子
宮的收縮，迫使胎兒頸部用力向前推擠，此時腹部
呼吸非常困難，故需採胸部呼吸。

作法：胸式呼吸須注意將吸入之氣體，高度地充盈肺部，
直到肺部完全擴張為止（如 65 頁圖）。

4.閉氣用力運動（利用腹壓，協助胎兒娩出運動）——●

功效：應用腹肌與骨盆區的收縮，以產生對推送胎兒之壓
力，縮短第二產程的時間，生產時子宮口全開後做
此運動。

作法：當產婦陣痛開始時，將背往後靠著，
張口深呼吸後立即閉口，將氣憋住，
用力將橫隔膜向下壓如解便狀，使產
生推送胎兒之壓力。

第 3 章

親愛媽咪『營養篇』

baby

✦① 懷孕時需要的營養

> 　　佑芳結婚後，由於先生是家中的獨子，公婆即開始催著要抱孫子，不時要她吃這、吃那的，佑芳看著自己婚後逐漸發胖的身體，耽心是否會吃得太多了？但是當佑芳知道自己懷孕後，又是第一胎，對營養需求完全沒有概念的她，反倒開始擔心另一件事——「自己吃得夠不夠多？夠不夠好？」還有，自己身體的營養狀況對胎兒有沒有影響，影響大不大？

懷孕前母親的營養狀況對寶寶健康影響大

　　一定有人不知道、或是懷疑：「懷孕前母親身體的營養狀況會對懷孕後的胎兒有很大的影響嗎？」其實，不僅懷孕時的營養會影響胎兒的成長發育，嚴格說來，女性從青春發育期開始就對下一代的健康產生直接影響了。大部份的婦女在獲知自己懷孕後，即開始計劃如何進補來增加營養，殊不知，在尚未懷孕時，亦即懷孕前，身體的營養狀況早已開始影響未來寶寶的健康了！許多醫學研究發現，如果懷孕前的營養狀況良好，即使懷孕時攝取的營養稍微差一點，還是能提供足夠的營養給胎兒。換句話說，如果懷孕前的營養狀況不佳，懷孕之後又無法攝取足夠的營養，就有可能發生難產、早產，或產下出生體重較低的嬰兒。

　　懷孕後，所攝取、吸收的營養會自然增加，主要是因應母

親身體改變所需，也是提供
胎兒逐漸發育、成長所需的
營養。某些營養素，例如鐵
質的增加，不僅因應懷孕時
母親血液量的增加，預防貧
血的發生，甚至可貯存在胎
兒體內，一直到寶寶出生後
的數月內都可使用。身體及
營養狀況良好的母親，在生

產時可以減少併發症的發生，順利地產下健康的寶寶。因此，
懷孕期間選擇均衡的飲食，維持良好的營養狀況，不論對母親
或寶寶都是非常重要的。

✦2 如何攝取營養素？

　　辦公室裡，每個人都很熱心的與佑芳經驗分享，尤
其是現在市面上許許多多的健康食品，大家更是熱心的
提供。對食物的種類有粗略的瞭解之後，引發了佑芳對
營養素的興趣，她開始進一步探索，什麼才是對媽媽和
寶寶最好的營養？…

　　懷孕會改變婦女的正常生理現象，這些改變主要是為了提
供胎兒成長所需，因此在懷孕的這段時期，營養的需求也會與

未懷孕時有所不同。以大部份的營養素來說，每天的需求量均會增加，而維生素與礦物質的需求更比消耗的熱量多。舉例來說，根據行政院衛生署「國人營養素參考攝取量（DRI）」的建議，當懷孕後期，熱量只需額外增加300大卡，而某些維生素或礦物質的需要量卻可能會增加一倍。因此，在懷孕時期，對食物的選擇必須非常注意，不僅每天要獲取所需的所有營養素，包括維生素及礦物質，但又須避免體重增加過多。

一・維生素

維生素即一般通稱的「維他命」，是根據英文「Vitamin」翻譯而來。維生素為一群有機物質，每天所需要的量非常少，即可維持身體正常的代謝。由於哺乳類，亦即我們人體內，無法自行合成維生素，因此必須藉由每天攝取各種食物來獲得。

在我們身體內，維生素主要的功能在於調節賀爾蒙、做為抗氧化物質或輔助酵素的作用，所以身體需要量極少。

基本上，依溶解度來分，維生素可分為兩種，包括「脂溶性維生素」及

「水溶性維生素」。「脂溶性維生素」
多存在於食物中脂肪的部份，它
們必須藉由食物中的脂肪才能
被吸收，如果體內脂肪吸收不
良，則會影響脂溶性維生素的吸
收。由於脂溶性維生素只能溶解於脂肪，

攝取過多時，則無法由尿液中排出，而會貯存於體內脂肪相關
處，例如皮下組織或肝臟，逐漸累積，甚至造成毒性。

　　不同於脂溶性維生素的是「水溶性維生素」，顧名思義，
此種維生素即與食物中的含水部份有關。它們與脂溶性維生素
不同的是，攝取入體內後，大部份由特定的腸道吸收機制吸
收，少部份可藉由尿液排出體外。由於水溶性維生素無法貯存
於體內，我們必須每天攝取以補充所需，避免身體消耗用盡，
反而使身體失去了正常的生理功能。

　　至於懷孕的婦女，大部份的維生素均藉由胎盤傳送給腹中
的胎兒，這個過程是極為複雜的，且受其它許多因素的影響。
由於許多傳遞、吸收的機轉目前尚不明瞭，懷孕時維生素攝取
過多或不足，都可能對胎兒產生不良的影響，例如畸形兒。因
此，懷孕時期的營養攝取量是非常重要的。

　　以下分別針對脂溶性維生素和水溶性維生素類別、功能及
孕婦建議攝取量提出說明，這些基本營養觀念對孕婦和寶寶的
健康幫助甚大。

1. 脂溶性維生素

◎ 維生素 A

維生素 A 又稱為「視網醇」，它的功用在多年前即為大家所熟知，對於視覺，尤其是在夜間的視覺、免疫功能、細胞的成長及分化都有所幫助。過去曾有研究顯示，不論動物或人類，若在懷孕時體內缺乏維生素 A，可能會導致先天性的視覺不正常，對光線的分辨較差。維生素 A 的缺乏，主要影響的部份包括中樞神經系統、眼睛、臉、牙齒、心血管系統、皮膚及肺等。因此，懷孕時攝取適量、均衡的維生素 A，對胎兒正常的發育是必需的。

懷孕時，母親可由飲食中獲取足量的維生素 A，貯存在母親的血液中，再藉由胎盤傳送給胎兒。至於到底需要多少維生素 A 才能維持胎盤及胎兒正常的生長，目前尚不可知。但由動物實驗發現，當母羊的維生素 A 攝取量愈高時，由胎盤傳送給胎兒的比例反而愈低。由此可知，胎盤本身也會影響營養素的傳送，所以，母體、胎兒及胎盤都必須達成一個均衡的狀態，營養素的吸收才能足夠。

當維生素 A 自母體經由胎盤傳送給胎兒之後，會貯存於胎兒的肝臟中，貯存量的多寡則依母親血液中的量而定。通常，是以母親血清中視網醇的檢驗值做為維生素 A 攝取狀況的指標，但在懷孕期間，由於母體血液經常性的變動，檢驗值只能

做為參考。然而，許多研究仍然證實：懷孕期間，如果維生素A攝取不足，較易早產，或胎兒的出生體重較低。

懷孕期的安全攝取量 ▶▶▶

行政院衛生署「國人營養素參考攝取量」的建議，懷孕前期的婦女，一天中由自然飲食及額外補充的維生素A共為500視網醇當量（RE），懷孕後期則為600視網醇當量。維生素A含量最豐富的食物為魚肝油，其次是肝臟、深綠色或深黃色的蔬菜、水果，一般而言，顏色越綠或越黃的蔬菜、水果所含的維生素A則越多。蛋黃、奶油也含有維生素A。2001年，美國農業部國民健康局〈NIH, National Institute of Health〉重新修正了維生素A的參考攝取量〈DRI, Dietary ReferenceIntake〉，懷孕期或正值懷孕年齡的婦女，建議維生素A的每日攝取量為 2500 國際單位 IU，〈約750 RE〉，最高攝取量不可超過 10,000 國際單位〈約 3000 RE〉。

　　至於額外補充的營養品，美國婦產科委員會建議，由自然食物以外的來源所獲取的維生素A，最好每天也不要超過5000國際單位。如此，不但能提供懷孕時胎兒成長發育所需，也不會因攝取過多而造成出生胎兒的缺陷症。

　　至於常用來治療青春痘與維生素A有關的藥物，如：isotretinoin、etretinate，在懷孕期間最好避免使用，或請教專業醫師。

食物中維生素 A 的含量：

食物種類（每100公克）	維生素A含量（IU）
肝臟	15,000
胡蘿蔔	13,000
菠菜	9,000
紅甘薯	7,000
蛋黃	2,000
牛奶	120
魚肝油（每1公克）	10,000

參考資料：黃伯超、游素玲，營養學精要

◎ ß-胡蘿蔔素

目前所知，約有六百種的類胡蘿蔔素存在於自然界中，其中約有50種可以在我們身體內轉換為維生素A。ß-胡蘿蔔素是類胡蘿蔔素的一種，也是維生素A的先驅物之一，它存在於許多蔬菜、水果中，尤其是深橘色或深黃色的蔬果，例如胡蘿蔔、蕃薯、芒果等都含有豐富的ß-胡蘿蔔素。在所有的類胡蘿蔔素中，ß-胡蘿蔔素為最具活性的維生素A先驅物質，一分子的ß-胡蘿蔔素可在體內產生兩分子的維生素A，而且不會產生毒性，主要的原因是，ß-胡蘿蔔素在體內的吸收及轉換率並不高。事實上，ß-胡蘿蔔素在體內的利用率約只有維生素A的六分之一，換句話說，一毫克的維生素A相當於6毫克的ß-胡蘿蔔素。

與維生素A一樣，ß-胡蘿蔔素是在小腸的上端被吸收，攝取量如果增加，其吸收量卻反而會降低（約可降到10%），ß-胡蘿蔔素一旦被身體吸收之後，一部份會藉由小腸黏膜細胞轉換為維生素A。ß-胡蘿蔔素與維生素A不同，並不是貯存於肝臟中，而是廣為分佈於全身，主要是存在皮下脂肪組織內。

除了轉換維生素A外，ß-胡蘿蔔素在體內的主要作用是做為抗氧化物質，它可消除體內的單氧及過氧化物。經動物實驗證明，ß-胡蘿蔔素對免疫功能的增進有所幫助；也有許多研究發現，ß-胡蘿蔔素可降低心血管疾病與某些癌症的發生率。然而，也有兩篇研究報告指出，吸菸者額外補充ß-胡蘿蔔素，

可能與肺癌的增加有關。至目前為止，大部分對ß-胡蘿蔔素的研究結果顯示，其在抗氧化作用方面還是有所幫助的。

懷孕期的安全攝取量 ▶▶▶

近年來，由於ß-胡蘿蔔素成為新興的一種營養補充品，因此，懷孕期間到底可以攝取多少的ß-胡蘿蔔素才安全，這是大家非常想知道的。曾經有實驗發現，如果每天攝取高達180毫克的ß-胡蘿蔔素，出生的寶寶除了皮膚較黃以外，並沒有其它的疾病產生。但是，一般的建議，每天攝取量不要超過30毫克，就不會有ß-胡蘿蔔素過多的問題發生。雖然攝取過多不會有中毒現象產生，但是皮膚變黃，總是不正常現象的顯現，也不太好看！深黃色或深綠色的蔬菜、水果中都含有豐富的ß-胡蘿蔔素，如胡蘿蔔、青椒、菠菜、綠花椰菜、木瓜、黃色甜瓜、芒果等，平日可藉由這些蔬果中獲取ß-胡蘿蔔素。

◎ 維生素 D

維生素 D 的主要功用，是維持體內鈣質的平衡、及骨骼的新陳代謝。例如在小腸中，維生素 D 可刺激鈣質的輸送系統，增加鈣質的吸收；在骨骼中，維生素 D 會刺激骨骼形成細胞，以使骨骼礦物質化。維生素 D 在我們身體中也有另一種功用，

即是在皮膚、肌肉、淋巴球或內分泌組織中，做為一個特殊的接受體，因此，曾有動物實驗發現，如果缺乏維生素D，則會影響體內的內分泌及免疫功能。

維生素D以不同的型式（D2及D3）存在自然界中，而我們身體需要的則是D3的型式。目前，市面上大部份的營養補充品中添加的維生素D是D2的型式，所以，攝取之後，必須經過日光的照射，才能在我們的皮膚內形成維生素D3。

為了轉換體內維生素D的型式，我們並不需要一直站在太陽下接受日光的照射，只要每天在陽光下散步約15分鐘，即足夠身體轉換使用了。但在冬天裡，我們通常都會穿著過於密閉的衣服，皮膚接觸陽光的機會較少，接受陽光照攝所需的時間就相對的要稍微增加。我們除了自食物或營養補充品獲取維生素D外，其它來源並不多。魚肝油是含維生素D最多的一種食物，其他食物如肝臟、蛋黃、牛奶也含有維生素D。

許多研究結果顯示，懷孕時如果缺乏維生素D，會導致母體的骨質疏鬆、及新生兒的低血鈣症，如果懷孕的母親每天攝取400國際單位（IU）的維生素D，即可降低這些不正常現象的發生。醫學研究結果指出，懷孕後期如果補充適量的維生素D，可改善母親體內鈣質的情況。

懷孕期的安全攝取量 ▶▶▶

根據行政院衛生署「國人營養素參考攝取量」，懷孕期的建議攝取量為 400 國際單位，一般市面上營養補充品中維生素 D 的含量多為 400 國際單位。如同所有脂溶性維生素一樣，如果攝取過多的維生素 D，會有潛在的毒性。若每天攝取高劑量，例如兒童攝取 1 萬到 2 萬國際單位、成人攝取高至 10 萬國際單位，則會導致昏睡、噁心、便秘、高血鈣症、高血磷症、及柔軟組織鈣化等現象，一旦停止攝取，這些現象也就會消失。攝取多量的維生素 D 會有潛在性的毒性，每天如果補充 10～15 微克（400 到 600 國際單位）是足夠且安全的，尤其是對無法由食物中獲取足夠量的懷孕婦女而言。

◎ 維生素 E

> 常聽許多人說，多吃維生素 E 會讓皮膚變得漂亮，所以，淑華懷孕後，每天都補充一顆 1000 國際單位的維生素 E。可是，最近報上卻刊載：維生素 E 吃得過多，會影響血液的凝固。淑華弄不清這是怎麼回事，不知每天是否該繼續多量的補充？

自然界中，維生素 E 是以 α、β、γ 及 δ 多種型式存在，各種型式的維生素 E 都是良好的抗氧化物質，但以 α 型最具活性。在我們身體內，維生素 E 存在於細胞膜中，它的主要功用是在保護細胞膜內的多元不飽和脂肪酸，避免其產生過氧化的

現象。一般過氧化物質包括自由
基、單氧及金屬化合物，這些
過氧化物質會引起一連串脂肪
過氧化的反應，進而破壞細胞
膜。維生素 E 則能清除體內過
氧化反應所產生的自由
基，保護體內細胞膜的
完整及功能。

　　維生素 E 伴隨著飲食
中的脂肪在小腸內被吸收後，並
藉脂蛋白將維生素 E 由血液中運送至脂肪組織。懷孕時，則由
胎盤來調節母體與胎兒血液中的維生素 E 的平衡。曾有臨床研
究，測定母親血液中的維生素 E，發現懷孕後期母親血液中維
生素 E 的含量較懷孕前約高 60%，由此可知，懷孕時維生素 E
的需要量較平日未懷孕時多。

　　除了懷孕母親自身外，部份早產兒的疾病與維生素 E 也有
關，例如溶血性貧血、支氣管與肺發育不良、及視網膜病變
等。通常早產兒體內維生素 E 的含量均偏低，此乃由於懷孕後
期時胎兒本體內無法累積足夠的脂肪所導致。植物油如胚芽
油、大豆油等維生素 E 的含量豐富，尤其以小麥胚芽及胚芽油
中含量最多，因此，我們可以從炒菜的大豆油、胚芽油中獲取
足夠的維生素 E。

懷孕期的安全攝取量 ▶▶▶

維生素E是一種抗氧化物質，可以維護身體細胞的正常功能，因此許多人認為維生素E會美化皮膚。根據行政院衛生署「國人營養素參考攝取量」的建議，懷孕婦女每天需攝取14毫克（約14IU），均可以簡單的自三餐食物中獲取足夠的維生素E。由於一般人對於維生素E的耐受性都很好，而且安全攝取量的範圍也極廣泛，因此市面上營養補充品的添加量多為400國際單位，許多人一天可能服用一或二顆。但是，長期過量的攝取，例如每天1000國際單位以上，則可能影響體內血液的凝結功能，以致延長流血的時間，如此，一旦身體受到重大創傷時，就不容易止血了。

2. 長鏈多元不飽和脂肪酸（DHA/AA）

我們每天可以由飲食的肉、魚、蛋、或植物油中獲取脂肪，而脂肪在體內經過酵素的分解過程，會變成最小的分子才能被吸收，這個最小的分子就是「脂肪酸」。由於化學結構的不同，脂肪酸又可分為「飽和」與「不飽和」、「多元」與「單元」脂肪酸，其中以「長鍊多元不飽和脂肪酸」對胎兒健

康的影響最大。

醫學雜誌曾刊登相關研究結果，懷孕婦女或新生兒如果自飲食中攝取足夠的長鍊多元不飽和脂肪酸，也就是DHA與AA，對嬰兒腦部、視覺及語言學習的發育有正面的幫助。尤其是對早產兒而言，雖然嬰兒本身可由飲食中（奶品）的亞麻油酸及次亞麻油酸在體內自行合成DHA及AA，但因器官發育未臻成熟，自行合成的能力有限，因此須藉由食物額外補充，母乳中含有DHA及AA就是最好的證明。值得一提的是，並非只有DHA對嬰兒腦部發育有幫助，AA也是很重要的，而且兩者須有一定的比例存在，也就是飲食中AA與DHA的比例為1~2：1最適合嬰兒所需。

根據醫學研究結果顯示，如果只補充DHA而缺少AA，對寶寶的身高會有不良的影響。通常，深海魚類含有豐富的長鍊多元不飽和脂肪酸，尤其是魚眼窩內的含量最多。準媽咪們應多吃鮪魚、鮭魚、鯖魚等魚類，以獲取足夠的長鍊多元不飽和脂肪酸，產後並藉由哺餵母乳來幫助寶寶的成長發育。

3. 水溶性維生素

◎維生素C

> 　　許多人都說，維生素C會讓皮膚變白，小美天生皮膚就比較黑，她為了肚裡的寶寶著想，每天都額外補充1000毫克的維生素C。但是，這麼做到底是否有效，她也不知道！

　　大部份的動物可在體內自行合成維生素C，但是人類、猴子及天竺鼠卻缺乏這種體內自行合成的能力，必須藉由食物來獲取足量的維生素C。維生素C極易氧化，所以可以做為一種還原劑，例如鐵、銅、鹼、熱、氧化酵素、或過度曝露於空氣及光線中，均會降低維生素C的活性。

　　維生素C最為人知的功用是預防壞血病，所以又稱為「抗壞血酸」。此外，維生素C還參與了身體中許多化學反應，包括正常的膠原形成、骨骼形成、傷口的復合、及體內氧化還原反應等。此外，因維生素C是酸性的，還可幫助飲食中鐵質的還原而增加吸收。大家都知道蔬菜、水果中含有許多維生素C，顏色越深，所含的維生素C越多。維生素C含量最多的食物為蕃石榴，其次是橘子、柳

丁、柚子、檸檬等枸橼類水果，至於蕃茄，維生素
C 含量並不多。

我們攝取了維生素C 後，可藉由體內的
主動運輸系統在腸道被吸收。正常的成年人
體內可貯存幾個月的維生素C 量，例如成年
男性約可貯存1500 公克左右。我們身體內維生
素C 含量較高的組織，包括腎上腺、腦下腺、胸腺，為應付身
體的代謝及組織的貯存所需，腎臟會由上述濃度較高的組織中
分泌出維生素C ，以維持體內的平衡。

懷孕時，維生素C 可經由胎盤主動運輸且母體傳遞給胎
兒，因此母親本身血液中維生素C 的含量比未懷孕時約低
10~15% ，而嬰兒出生後血液中維生素C 的含量會比懷孕時母
體的量高50% 左右。

懷孕期的安全攝取量 ▶▶▶

根據行政院衛生署「國人營養素參考攝取量」的建議，懷
孕婦女每天建議攝取為80 毫克。因維生素C 是酸性的，攝取過
多可能會導致一些不正常的現象產生，所謂「過多」，通常指
超過「需要量」的15 倍左右。攝取過多維生素C 最常見的現
象，包括胃部絞痛、噁心以及腹瀉，快速攝食的情況下尤其容
易發生這些現象。許多人都認為維生素C 吃得愈多愈好，甚至
有人認為它可幫助寶寶皮膚變白，因而大量食用。殊不知皮膚

的黑或白，許多是天生的，若皮膚內的黑色素已形成，並不會因為多吃了維生素C而變得比較白。更何況維生素C是酸性的，攝取過多可能使胃部不適，甚至導致腹瀉。

　　因此，建議大家在攝取維生素C的營養補充劑時，每天的攝取量最好不要超過1000毫克。此外，懷孕期間如果準媽咪

水果中維生素A及C的含量		
食物 (100公克)	維生素A (國際單位)	維生素C (毫克)
蕃石榴	1,000	180
白文旦	100	53
木瓜	1,110	52
椪柑	720	46
紅柚	46	41
楊桃	650	39
紅柿	1,260	25
檸檬	0	25
蘋果	20	4

攝取了過多的維生素C，會導致新生兒對維生素C的需求量比
一般正常嬰兒多。根據加拿大的研究結果得知：如果懷孕婦女
在懷孕時每天均攝取400毫克的維生素C，所生下的寶寶對維生
素C的需求量較高。若懷孕時每天攝取約100毫克的維生素
C，至目前為止尚沒有臨床報告顯示寶寶會有任何不良的現象
發生。

蔬菜中維生素A及C的含量

食物 (100公克)	維生素A (國際單位)	維生素C (毫克)
菠菜	10,500	60
胡蘿蔔	9,490	6
茼蒿菜	7,500	14
紅辣椒	6,500	110
油菜	6,280	22
青江菜	4,860	47
青椒	3,440	78
莧菜	1,530	15
蕃茄	260	29

◎ 葉酸

> 　　最近報章雜誌上刊載了許多文章，探討葉酸與懷孕的關係，可是孟珍一直不瞭解「葉酸」倒底是什麼？它對胎兒的成長發育又有什麼好處？懷孕時可以由食物中獲得足夠的葉酸嗎？如果攝取不足，會影響胎兒的成長嗎？

　　其實，「葉酸」也是一種維生素，因為大多存在於綠葉蔬菜中，因而稱之為「葉酸」。由於我們身體內無法自行合成，因此必須藉由食物做為這種維生素的來源。我們身體內有許多含葉酸的輔酶素，為合成核酸所必需的，而核酸又是複製細胞所必需的一種成份，因此，缺乏葉酸時，最快受到影響的是分

化組織，如骨髓及腸道。巨球性貧血（紅血球的數目減少，但體積增大）就是因缺乏葉酸及核蛋白不足所產生的疾病。懷孕期間，因葉酸的需要量增加，所以缺乏的現象與機率也會隨之增加。葉酸多存在於綠葉蔬菜中，如果懷孕時每天所吃的綠葉蔬菜不夠，則容易產生葉酸缺乏的現象，在這種情況下，我們就必須考慮由營養補充品來額外補充了。

　　行政院衛生署「國人營養素參考攝取量」中，建議懷孕婦女每天攝取600 微克的葉酸。而許多研究證明，懷孕時如果每天由食物中攝取約 400 微克的葉酸，可降低 25~75% 嬰兒神經管缺陷的發生率。另有研究結果顯示，懷孕婦女如果每天平均只攝取 210 微克的葉酸，較容易發生早產及嬰兒出生體重過低的現象。

懷孕期的安全攝取量 ▶▶▶

　　市面上，大部份的營養補充品中所含的葉酸為 400 到 1000 微克。到目前為止，攝取這些較高的劑量，並沒有任何不良反應的報告出現。但是仍建議準媽咪們，每天葉酸的攝取量最好不要超過 1000 微克，以免忽略了惡性貧血的發生。「惡性貧血」是因缺乏維生素 B_{12} 所產生，其缺乏症狀與葉酸缺乏症很類似，兩者易被混淆而忽略。

◎ 維生素 B 群

　　很多人認為我們身體對維生素 B 群的需要量並不多，不僅可以很容易由食物中獲得，坊間又有許多營養補充品可選擇，因此對於這些維生素並不在意。事實上，維生素 B 群對我們每天攝取食物的多寡影響是很大的，且讓我們來瞭解一下它們彼此間的關係。

1.維生素 B1（又稱硫胺）

維生素 B1 是我們每天攝取的碳水化合物代謝及能量產生所必需的輔酵素。我們體內無法貯存大量的維生素 B1，所有貯存的維生素 B1 只能供給身體數星期正常功能的使用。許多食物中雖含有維生素 B1，但含量都不多，主要的食物來源包括豬肉、內臟、蛋、綠葉蔬菜、未精製的穀類、核果、漿果及莢豆類；此外，我們腸道內也可自行合成維生素 B1。

維生素 B1 的主要缺乏症是腳氣病（與香港腳不同），腳氣病可分為乾性及濕性兩種。乾性腳氣病的症狀，是多發性周邊神經炎及肌肉萎縮；而濕性腳氣病的症狀，則是全身性水腫。維生素 B1 的缺乏症大多發生在碳水化合物攝食較高的地區，尤其是以精製穀類為主要食物的人，因為幾乎所有的維生素 B1 在穀類精製的過程中都會流失，人們因而無法從精製穀類食品中獲取足夠的維生素 B1。懷孕期間由於身體熱量的消耗增加，而碳水化合物又是提供熱量的主要來源，因此，維生素 B1 的需要量也必須相對的增加。

懷孕期的安全攝取量 ▶▶▶

至目前為止，並沒有任何的報告證明多量攝取維生素 B1 會產生毒性。而行政院衛生署「國人營養素參考攝取量」中，建議懷孕婦女每天攝取約 1 毫克的維生素 B1。

2. 維生素 B2（又稱核黃素）

　　如同維生素 B_1 一樣，維生素 B_2 也參與了體內碳水化合物的代謝及熱量的生成。由於這個原因，每個人對維生素 B_2 的需要量，會因每天飲食中所含碳水化合物、及熱量消耗的多寡而有所不同。

　　懷孕時，由於熱量的攝取增加，維生素 B_2 的需求量也應隨之增加。維生素 B_2 雖廣泛的存在於各種食物中，但含量均很少。維生素 B_2 含量較多的食物包括牛奶、乳酪、內臟、蛋、綠葉蔬菜、全穀類及莢豆類，而過度精製的加工過程會致使食物中原存有的維生素 B_2 流失。然而，我們腸道內的細菌也有合成少量維生素 B_2 的能力，合成的一部份也會被身體吸收。如果長期缺乏維生素 B_2 時，可能會有嘴角潰爛、口角炎、舌炎、脂溢性皮膚炎、畏光等現象產生。

懷孕期的安全攝取量 ▶▶▶

　　沒有任何的報告發現，由食物或營養補充品中攝取多量的維生素 B_2 時會產生毒性。行政院衛生署「國人營養素參考攝取量」中，建議懷孕婦女每天攝取 $1.3 \sim 1.5$ 毫克的維生素 B_2。

3. 維生素 B_6

　　維生素 B_6 在體內的主要功能，是參與體內蛋白質的合成及代謝，但是與脂肪及碳水化合物也有關，所以體內有超過100種的反應皆與維生素 B_6 有關。就因為維生素 B_6 參與體內

蛋白質的合成及代謝，所以維生素B6的需要量是依每個人對蛋白質的「需要量」及「攝取量」而定。行政院衛生署「國人營養素參考攝取量」中，建議懷孕婦女每天攝取1.9毫克的維生素B6。一般成人若缺乏維生素B6時，疲倦與頭痛可能是初期缺乏時所產生較不明顯的癥兆；嚴重缺乏時，在眼睛、鼻、嘴及耳的四周會發生脂溢性皮膚炎，也可能發生末梢神經炎。

懷孕時，對蛋白質的需求量增加，因而維生素B6的需要量也會增加，而母體內的維生素B6可藉由胎盤以主動運輸的方式遞送給胎兒。通常胎兒血中維生素B6的濃度較母親高2~5倍，藉由這種觀念，我們可以知道懷孕母親所攝取的維生素B6是否足夠。如果在懷孕前曾經長期服用口服避孕藥的婦女，在

懷孕時則較易產生維生素B6的缺乏症，而導致精神沮喪。所以懷孕前曾長期服用避孕藥的婦女，在懷孕時期對維生素B6的需要量必須較一般懷孕婦稍多。胚芽、酵母、牛奶、肝、腎及莢豆類是含維生素B6較多的食物。

多年以前，即有人以高劑量的維生素B6做為治療孕吐的方法之一。經研究結果發現，每天

補充75毫克的維生素 B6 對「嚴重的」嘔吐可能有效，但對輕度及中度的孕吐則不具有效果。

懷孕期的安全攝取量 ▶▶▶

未懷孕的成年人，如果每天口服 500 毫克的維生素 B6，則可能因攝取過多而導致神經炎的發生。懷孕期間，為了對孕吐有所幫助，卻又必須避免因多量攝取維生素 B6 而產生副作用，所以每天最多口服 50-75 毫克的維生素 B6 即可。

經實驗證明，一般懷孕婦女如果每天口服 16.6 毫克維生素 B6 的營養補充品，並不會對新生兒產生不良的副作用，而事實上，這個劑量已超出懷孕時期建議攝取量的 8 倍左右了。

4. 菸鹼素

菸鹼素是菸鹼酸與菸鹼醯氨的統稱名詞。菸鹼素在植物中多以酸的形式存在，而在動物中則以氨的形式存在；至於在人體內能發揮功用的也是氨的形式。菸鹼素在體內參與了 40 項以上與醣類分解、脂肪代謝有關的化學反應。

菸鹼素在分類上並不屬於維生素的一種，因為在維生素 B6 攝取充份的情況下，我們身體可自行將食物中的色氨酸（氨基酸的一種）合成菸鹼素。60 毫克的色氨酸約可合成 1 毫克的菸鹼素，因此，菸鹼素的需要量則與我們每天對熱量的需求、

及蛋白質攝取量的多寡有密切的關係。懷孕期間，身體熱能消耗量增加，因此對菸鹼素的需要量自然會增加。然而，許多研究報告顯示，懷孕婦女體內由色氨酸轉變為菸鹼素的能力比未懷孕時增加，因此對菸鹼素的需要量反而減少了。行政院衛生署「國人營養素參考攝取量」中，建議懷孕婦女每天攝取13~15毫克的菸鹼素。

富含菸鹼素的食物包括肝臟、肉、魚、全穀類、莢豆類及乾果。其實，色氨酸含量豐富的食物也就是菸鹼素的良好來源，例如牛奶；在食物精製過程中，這種營養素也會流失。菸鹼素的缺乏症我們稱之為「癩皮病」，會出現皮膚炎、腹瀉、反應遲鈍及口腔炎等現象，這種缺乏症多發生在以玉米為主食的地方，因為玉米內不僅缺乏菸鹼酸，而且色氨酸含量也低。

懷孕期的安全攝取量 ▶▶▶

菸鹼酸是一種輕微的血管擴張劑，具有使末梢血管擴張的作用，在空腹時服用低於100毫克的劑量，就會導致雙頰發紅。若長期大量服用超過1公克以上，雖會降低血清膽固醇，但也會有其他的副作用產生，如噁心、嘔吐及腹瀉。而菸鹼醯氨則沒有血管擴張、或降低血中脂肪的作用，也因為這個原因，菸鹼醯氨就被當做一種營養補充品，可是每天攝取量如果超過3公克，也會影響我們的腸胃及肝臟。每天只攝取500毫克菸鹼醯氨或菸鹼酸兩種形式的菸鹼素，均不會造成不良的影響。

5. 維生素 B₁₂

維生素 B₁₂ 是唯一含有必需礦物質——「鈷」的維生素，它與紅血球細胞的形成有關，也會影響腦神經細胞的形成。我們肝臟中維生素 B₁₂ 的貯存量很多，約可提供身體一年的代謝所需。

維生素 B₁₂ 的食物來源幾乎都是動物性食品，它的吸收必須要靠胃細胞所產生的一種蛋白質，稱為「內在因子」的存在下，才能被吸收。缺乏維生素 B₁₂ 會導致惡性貧血，惡性貧血的症狀與缺乏葉酸而產生的巨球性貧血類似，但卻有神經變性。體內缺乏內在因子而使維生素 B₁₂ 無法被吸收，是導致維生素 B₁₂ 缺乏最常發生的原因。由於維生素 B₁₂ 幾乎全部存在於動物性食品中，如肉、肝、腎及奶製品等，純素食者就易產生缺乏症，因此，純素食的孕婦所生出的嬰兒也比較容易缺乏維生素 B₁₂，此時就必須藉由營養補充品來補充了。

懷孕期的安全攝取量 ▶▶▶

目前並沒有因攝取過多維生素 B₁₂ 而產生毒性的報告。行政院衛生署「國人營養素參考攝取量」中，建議懷孕婦女每天攝取 2.6 微克的維生素 B₁₂。

6. 生物素

生物素是一種含硫的維生素，在體內參與了碳水化合物、脂肪及氨基酸的代謝。生物素雖然存在於許多種類的食物中，

但含量並不多；一些食物如內臟、蛋黃與花生則含量較多，所以人類當中很少發現缺乏生物素的現象。但是，生的（未煮熟）蛋白中含有生物素的抑制物，常喜歡吃生雞蛋的人可能會發生生物素缺乏的現象，所以，應該儘量吃煮熟後的雞蛋。婦女懷孕期間血液中生物素的含量會比未懷孕前低，這是正常的，並不表示懷孕情況不佳。

懷孕期的安全攝取量 ▶▶▶

未懷孕的人如果每天生物素的攝取量高達10～40毫克，並不會產生任何的副作用。至今，也沒有報告顯示，懷孕期間因攝取過多的生物素而產生毒性。

7. 本多酸（泛酸）

本多酸在體內與葡萄糖及脂肪酸氧化有關，也與脂肪酸、膽固醇的合成有關。本多酸因廣泛的存在於自然界各種食物中，因而又稱為「泛酸」，所以只要攝食充分，很少有缺乏症的發生。在懷孕期間，身體對本多酸的需要量會增加，但血液中的含量會因懷孕而減少，直到生產後6星期左右才會恢復正常。

懷孕期的安全攝取量 ▶▶▶

至今，還沒有攝取過多本多酸對人類產生毒性的報告。但有研究指出，每天攝取量高至10～20毫克的本多酸鈣時，則會有腹瀉的情形。

二 · 礦物質

「礦物質」這個名詞聽起來有些奇怪，懷孕的準媽媽們聚在一起討論不停。到底這是什麼？對身體有什麼幫助？又該從什麼食物中攝取？每個人都有自己的想法，有趣的是，有人認為用鐵鍋炒菜就可以吃到足夠的鐵了，為什麼還要特別注意攝取呢？

自然界中所有活的組織，包括我們的身體，都需要一些無機元素，亦即所謂的「礦物質」，以維持身體各組織的正常功能。如同維生素一樣，礦物質在我們體內也扮演了中間連繫者的重要角色，其中包括組織的結構，如骨骼的形成、及活化酵素等。礦物質是我們生命所必需的，可是卻無法在體內自行合成，一定要由食物中獲取。如果我們從食物中攝取足夠的礦物質之後，體內的礦物質含量自然可達成平衡的狀態，我們也就不會產生缺乏症了。

懷孕時，母親體內的礦物質可經由胎盤傳遞給胎兒，供胎兒成長、發育所需。某些礦物質的缺乏，尤其是微量礦物質如鋅、碘、鐵等，雖可能會導致胎兒畸形，但發生的機率並不多。

1.鈣

鈣是骨骼形成的主要元素，體內將近99%的鈣都存在骨骼及牙齒中；鈣與神經的傳導、肌肉的收縮、賀爾蒙的合成、遺傳物質的合成與細胞再生、以及熱量的代謝均有關。食物中攝取的鈣、存在於骨骼中的鈣、再加上尿液中代謝的鈣，這三者使我們身體的鈣質維持一種平衡的狀態。

懷孕期間，提供給胎兒的鈣大部份是供胎兒骨骼礦質化所需。鈣是藉由主動運輸，由母親體內經胎盤傳遞給胎兒，需要量最多的時候是在懷孕後期，也是胎兒骨骼成長快速的時期。

雖然母親骨骼內貯存的鈣可供胎兒使用，但是若母親每天能自食物中攝取400～600毫克的鈣，則可增加胎兒骨骼的密度。懷孕期間，我們的身體自然會增加對鈣質的吸收，並減少鈣的排泄，但鈣質的保留量似乎仍不足以供給胎兒成長發育所需，必須由食物中增加攝取量。

懷孕時，由於母體須提供胎兒所需要的鈣質，因此容易導致骨質疏鬆，這也就是為什麼有「生一個孩子掉一顆牙」的

傳說。牛奶中含有豐富的鈣，所以懷孕的婦女每天應至少飲用
2 杯的牛奶。此外，肉類、小魚乾、牡蠣等食物都可提供豐富
的鈣質。至於植物性食物中所含的鈣，因會與植物中的草酸或
植酸結合，而影響鈣的吸收。因此，建議大家還是由動物性食
物中攝取較好。

最新的研究發現，一般營養補充品中所使用的碳酸鈣，其
生物利用率與牛奶中的鈣一樣好，因此，對不能喝牛奶（例如
喝牛奶後容易腹瀉的人）、或不愛喝牛奶的人來說，營養補充
品不失為補充體內鈣質的一種方式。

研究發現，懷孕時攝取足夠的鈣，可以減少母親及胎兒生
病的機率。1996 年，Dr. Bucher 針對 2459 位婦女所做的研究
發現，如果每天攝取 1500~2000 毫克的鈣，可降低懷孕婦女血
壓及子癲症的發生。也有針對青春期少女懷孕的研究顯示，若
每天攝取 2000 毫克的鈣，可降低早產及低出生體重嬰兒的發
生率。

懷孕期的安全攝取量 ▶▶▶

行政院衛生署建議懷孕期的婦女每天自飲食中攝取 1000
毫克的鈣。每天攝取高達 2500 毫克的鈣，並沒有不良的現象
產生，但是鈣質攝取過多，可能會影響體內鐵、鋅及錳的吸
收，這是我們無法由外表看到的。

2.碘

碘是體內甲狀腺激素的必需組成份,因此約有75% 的碘都存在於甲狀腺中。甲狀腺激素可以調節體內的基礎代謝率,維持人體最基本的生理活動,如體溫、血液循環等所消耗的熱量。如果飲食中的碘攝取不足,甲狀腺則會增加碘的分泌,以應付身體各種作用所需。

懷孕時,胎兒只能由母體中獲取少量的甲狀腺激素,因此必須由自己體內合成此種激素。但是,胎兒卻可由母親體內獲得本身成長所需的碘,這也就是為什麼準媽咪在懷孕時需要額外補充碘的原因。如果母親懷孕時碘攝取不足,胎兒的身體及智能的發展都將會受到不良的影響;嚴重缺乏時,嬰兒出生後可能罹患「呆小症」(骨骼停止生長,智能遲滯)。如果某個地區的土壤內缺乏碘,在這個土地上所種植的蔬果中碘的含量就少,所以碘缺乏症在這個地區就可能成為一個普遍的流行病。約二十幾年前,台灣部份地區常有碘缺乏症發生,醫學上稱為「甲狀腺腫」,俗稱「大脖子病」,政府當時即在每天必須食用的食鹽中添加碘,此缺乏症才逐漸減少。一般海菜類,例如海帶、紫菜等都含有豐富的碘。

懷孕期的安全攝取量 ▶▶▶

懷孕時如果攝取過多的碘，會抑制甲狀腺的功能，可能會對胎兒造成傷害，這些傷害包括了甲狀腺腫大、呼吸問題、死產、甲狀腺機能低下、腦部傷害、及心臟擴大等。所謂攝食過多的碘會對身體造成毒性，是指每天碘的攝取量超過 10 毫克；一般建議，懷孕時每天碘的攝取量若為 150 微克以下，則不會對胎兒造成任何不良的影響。行政院衛生署建議懷孕期的婦女每天自飲食中攝取 200 微克的碘。

3.鐵

鐵是血紅素、肌血球素，和參與細胞呼吸反應酵素的必需組成份，體內約有 75% 的鐵是在紅血球與肌血球素內，剩下 25% 的鐵則與蛋白質結合，貯存於體內。我們體內鐵質含量的多寡會主動成為調節鐵質吸收的一個因素，一般飲食中鐵的吸收率約為 10%，但是在體內缺乏鐵質的情況下，身體對鐵的吸收率自然會提高為 26% 左右。除了上述個人身體狀況的差異外，還有幾種因素會影響鐵質的吸收，例如，動物性食物中所含的鐵比植物性食物中的鐵易於吸收；維生素 C 會增加鐵質的吸收；過多的鈣會抑制鐵的吸收；蔬菜中若含有草酸、植酸，也會抑制鐵的吸收。此外，我們所攝取的鐵必須呈現

二價（化學結構）的形式後，才能被我們的身體所吸收，而炒菜用鐵鍋的鐵為三價鐵，必須在體內經過還原的作用之後，才能被胃腸吸收、利用。

雖然，懷孕中期及後期時身體對鐵質的吸收量會增加，但是，懷孕時體內的血紅素濃度通常仍會降低，這可能是因為懷孕時體內血液量增加，相對降低了血液中鐵的含量，但也同時反應出我們體內可能無法貯存大量的鐵質，必須藉由食物不斷的來補充身體所需的鐵。內臟如肝、腎及肉類含鐵質較豐富，越紅的肉類所含的鐵越多；例如牛肉中所含的鐵較豬肉多，豬肉中所含的鐵又較雞肉多。植物如菠菜中雖也含豐富的鐵質，但植物中的草酸、植酸會干擾鐵的吸收，所以由動物性食品攝取鐵質較適當。

整體而言，足月懷孕的整個過程中約需 1 公克的鐵，足以供給胎兒成長、血液增加、子宮及體內基本流失所需。未懷孕的婦女每天約自食物中吸收1.3毫克的鐵，在懷孕中期時每天就需要額外增加4.4 毫克；懷孕後期，則每天鐵的吸收量約需多增加6.6 - 8.4 毫克，由此可知，懷孕時，由飲食中攝取的鐵也必須要增

加。有專家研究，懷孕時，每天約攝取18~21毫克的鐵，才能應付身體消耗所需。

也有醫學機構建議，血紅素正常的婦女在懷孕最初的12週內，每天需補充30毫克的鐵；如果患有鐵質缺乏症的婦女，懷孕時每天鐵質的補充就得更多了。臨床上曾對251位懷孕婦女做研究，發現每天給予30毫克的鐵，即能使血液中鐵含量及血紅素維持在正常的範圍之內，不曾產生缺乏症。

世界衛生組織（WHO）預估，懷孕的婦女中約有50%的人患有貧血，主要原因是鐵質的缺乏。懷孕時，每天熱量的攝取比未懷孕時只增加了15%，因此許多研究發現，懷孕婦女確實很難完全由食物中充分獲取身體所需的鐵，如果又不以營養補充品的方式額外補充，可能很容易罹患缺鐵性貧血。

懷孕後的準媽咪如果體內缺乏鐵質，則會影響胎兒體內鐵含量的情況，此時若額外補充鐵質，也許可以改變母親體內血紅素的濃度，但對新生兒體內鐵質貯存的狀況卻沒有太大的幫助。懷孕時鐵質的缺乏，較容易發生早產、胎兒的出生體重過低，甚或死亡的現象。

懷孕期的安全攝取量 ▶▶▶

有人擔心補充鐵質會影響體內鋅的吸收，但實驗證明，鐵的補充並不會影響鋅的吸收。也有人認為過多的鐵質會導致便秘及噁心，事實上，很難判斷這些狀況是否真的是由於鐵質過

多而產生的影響，或只是因為「懷孕」使生理改變所引起的現象。曾經有實驗結果指出，每天攝取 200 毫克鐵，其中約有 25%的人會有胃腸不適的現象發生；而每天攝取 400 毫克鐵的人，當中則有 40%的人有胃腸不適的現象；至於每天攝取 30~60 毫克鐵的人，至今還沒有任何產生副作用的報告。行政院衛生署建議未懷孕的婦女每天自飲食中攝取 15 毫克的鐵，但懷孕後期至分娩後兩個月內，每日應以鐵鹽供給 30 毫克的鐵質。

4.鎂

如同鈣一樣，體內大部份的鎂均存在於骨骼內。鎂是肌肉收縮、神經傳導、及熱量轉移所不可缺少的成份，因此，體內如果缺乏鎂，則會影響神經肌肉功能，導致手腳顫抖、痙攣及不自主收縮等現象。

鎂，廣泛的存在於各種食物中，尤其是莢豆、核果及深綠色蔬菜含量很多，健康的成年人如果每天攝食正常，很少會有鎂缺乏症的發生，而鎂的缺乏症通常都是因其它疾病所引起，例如妊娠毒血症。懷孕時，體內對鎂的需求量會增加，主要原因是母親及胎兒均需要此營養素，而母親體內的鎂可藉由胎盤傳遞給胎

兒，供胎兒成長所需。研究發現，以額外補充的方式來增加鎂
的攝取不足可改善早產的現象。

懷孕期的安全攝取量 ▶▶▶

　　一個身體健康的人如果鎂攝取過多
時，可由腎臟排泄出，以維持血液中
鎂的正常濃度。然而，當鎂的攝取
量於每公斤體重高達 10 毫克時，
血液中鎂的濃度則會升高，可能
因而導致噁心、嘔吐及高血壓。
行政院衛生署對懷孕期婦女鎂的
攝取量並無特殊建議，而一般建
議，每天飲食中鎂的攝取量為 375 毫
克。

5.銅

　　我們體內有許多含銅的酵素，這些酵素中大部份都是氧化
酵素，它們參與了體內許多的代謝反應，例如熱能的生成、自
由基的破壞、結締組織的形成、黑色素的形成、以及鐵質的利
用。

　　飲食中富含銅的食物包括內臟、牡蠣及巧克力等。通常，
身體對銅的吸收率為 25~60%，吸收率的多寡主要是受銅本身
在體內消化量、及其它飲食因素，如蛋白質、碳水化合物與維

生素C的影響。銅在體內主要是貯存在肝臟內，90%以膽汁及糞便排泄，少部份以尿液排泄出。懷孕初期時，胎兒本身無法貯存銅，一直到懷孕後期，胎兒體內才開始貯存銅。

　　成年人很少發生銅缺乏症，但曾有因服用抗生素而導致體內銅缺乏的病例。如果懷孕婦女體內缺乏銅的話，出生後的嬰兒也會患有銅缺乏症，體內的結締組織因而受到影響，致使傷口不易癒合、皮膚鬆弛、關節過度伸直、血管脆弱等。所以，婦女懷孕時仍需注意銅的補充。

懷孕期的安全攝取量 ▶▶▶

　　正常成年人很少因攝取銅過多而在體內產生毒性，但是，如果嬰兒長期餵食使用銅製容器沖調的嬰兒奶水，可能發生肝硬化的現象。由於成年人很少發生銅缺乏的現象，行政院衛生署並沒有每日攝取量的建議。一般而言，銅的每日安全建議攝取量為1.5~3.0毫克。世界衛生組織認為每日安全攝取量的上限是：每公斤體重約攝取0.5毫克的銅，如此推算，對大部分的婦女而言，每天攝取上限約為25毫克。

6.鋅

　　鋅是我們體內70種以上酵素的必需組成份，包括消化、紅血球中氧的攝取與運送、葉酸的利用、磷的新陳代謝、視覺發育、傷口癒合、細胞分裂與免疫等多種反應在內；此外，鋅在某些特定的遺傳因子中也扮演著重要的角色。富含鋅的食物

主要有肉類、肝臟、牛奶、魚、蛋、乾果類及莢豆類，植物性食品中因含有植酸和磷酸，會與鋅結合而影響鋅的吸收。

體內鋅的缺乏較易發生在嬰兒、兒童、懷孕婦女、素食者、老人或慢性病患者，會產生生長遲緩、生殖腺機能不足、味覺敏銳度改變、厭食、掉頭髮、皮膚濕疹等現象。懷孕時，血液中鋅的濃度會降低，以順應懷孕時體內智爾蒙及血液量的改變，這種現象為生理性的降低，生產後則自然會恢復正常。據估計，懷孕時存在於母親與胎兒體內的鋅約有100毫克，其中有60%是在懷孕後期，也是胎兒成長最快速時期累積在體內的。

體內由於鋅的吸收不良，而導致血清中鋅含量過低時，會產生精神抑鬱、皮膚炎、及腸病等，如果未予及時治療，導致鋅的嚴重缺乏時，則會形成死胎、自然流產、或畸形兒。正常懷孕婦女血清中的鋅會降低，也可能會引起母親產生高血壓、或延長生產過程的時間。研究發現，懷孕時，如果每天補充20毫克的鋅，則會降低因懷孕而引發的高血壓，及新生兒不正常的現象。

3 孕期體重的增加與維持

走在醫院潔淨的長廊上，迎面來了一位懷孕的婦女，熱心的同事趨前打招呼，順便介紹彼此認識。當她獲知我是營養師時，眼眶立刻紅了起來，令我有些不知所措。細問之下，才知道她剛到醫院做完定期的產檢，產檢時，醫師提醒她體重增加太多，可能會影響生產過程及胎兒的健康。此時距離她的預產期只有一個多月，她非常擔心孩子的健康，所以，我們找了一個安靜的角落坐下，仔細聆聽她的心聲，希望能給她一些幫助......。

懷孕時母親體重增加的比例圖

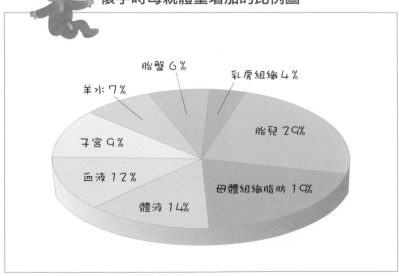

胎盤 6%

乳房組織 4%

羊水 7%

胎兒 29%

子宮 9%

血液 12%

母體組織脂肪 19%

體液 14%

　　婦女在懷孕時體重都會增加，除了胎兒本身成長所增加的重量外，還包括了母體的組織、子宮、羊水、以及脂肪、體液、血液等的重量。

　　過去，醫師對懷孕時體重增加的建議為 8～9 公斤，但卻發現可能造成寶寶出生體重過低，且有併發症的發生；所以漸漸地，懷孕時理想體重增加量以 10～12 公斤為宜。懷孕時母親體重適當的增加，不僅可以減少低出生體重的嬰兒、及避免胎兒過大造成產程複雜，對生產時危險性的降低也有幫助。

影響體重增加的因素

1. **種族及生活方式**：種族遺傳及生活方式是影響因素之一，也是較難改變的。

2. **年齡**：一般而言，23 至 29 歲是女性最佳的生育年齡。年紀太輕，身心均不夠成熟，尤其自己本身正值青春發育期的少女，如果一旦懷孕，所攝取的營養除了供胎兒成長外，也需要補充自己本身因懷孕而需較多的營養，因此懷孕時體重的增加可能較少，容易發生低出生體重嬰兒或早產的現象。相反的，年齡較長時才懷孕的婦女，由於身體各項生理功能可能已漸趨老化，體重的增加較難控制，也容易出現胎兒畸形或其它疾病的現象。

3. **經濟與社會地位**：經濟情況較差與教育層次較低的婦女，因營養知識不足或營養攝取不夠，致使懷孕時體重

增加較少，影響胎兒成長較多。經濟情況差會影響居住環境與精神生活，包括衛生、飲食及教育等，進而影響自身懷孕的狀況及胎兒的發育成長。

4. **抽菸**：懷孕時抽菸會抑制體重的增加。菸內的尼古丁會使母體的週邊血管收縮，如果子宮的血管收縮，就會減少胎盤的血流量及氧氣的輸送，進而影響了胎兒的成長。懷孕婦女如果抽菸，比較容易發生下列的一些現象，如母體自身體重增加緩慢、嬰兒出生體重較低、早產、或流產。如果平常雖有抽菸的習慣，而在懷孕時停止了抽菸，那麼，就可以減少這些現象的發生。

5. **懷孕前的體重**：懷孕前如果體重不足，導致營養狀況不佳，會使得懷孕時體重增加較緩慢；懷孕前體重較重，也會影響懷孕時體重的增加。懷孕前期及懷孕中期體重增加的多寡，對胎兒的成長影響較大。

6. **熱量的攝取**：懷孕時熱量攝取充分，其他營養素如維生素及礦物質也會自然的攝取充分；如果懷孕時限制熱量的攝取，相對的也會減少其他營養素的攝取，進而對胎兒成長產生不良的影響。因此，在懷孕期間，並不建議以嚴格限制飲食的方式來降低體重，應不偏食，適量的攝取各類食物。

大部分的食物中都含有熱量，「卡路里」是計算熱量的單

位，與「公斤」是
計算重量的單位具
有同樣的意義。一
般而言，熱量的計
算是以「仟卡」為
一個單位，簡稱為
「一大卡」。當我們
攝取的熱量與身體
所消耗的熱量相同
時，身體則自然維
持理想體重的狀
態，當我們所攝取
的熱量多於消耗的

熱量時，體重就會逐漸增加；相反的，當我們所攝取的熱量少
於身體消耗的熱量時，身體就出現消瘦的情況。懷孕期體重的
增加應是平緩漸進的，增加太少或太多，都有可能出現某些問
題。原則上，我們建議懷孕前先將體重控制在理想體重範圍
內，當懷孕時，再依正常型態來增加體重。

何謂「理想體重」？

首先，我們必須瞭解何謂「理想體重」，才能夠知道自己
體重的增加是否適當。以下是理想體重的計算方式，可供大家
參考、計算。

BMI（Body Mass Index ，重高指數）：

為體重與身高之間的比值，與體內脂肪含量多寡有關。

BMI＝體重（公斤）/ 身高^2（公尺）

BMI 介於18.5～24 間均屬理想體重，

意即 身高^2（公尺）x18.5~24＝理想體重（公斤）。

另一種計算方式為：

男性，標準體重（公斤）＝〔 身高（公分）- 80 〕x 0.7

女性，標準體重（公斤）＝〔 身高（公分）- 70 〕x 0.6

正常範圍：目前體重介於標準體重10% 之間。

過重（過輕）：目前的體重超過（不足）標準體重的10 - 20% 間。

肥胖：目前的體重超過標準體重的20% 以上。

　　一般而言，懷孕前較瘦的婦女，懷孕時所需增加的體重較多；而肥胖的婦女則不需要增加如同一般婦女所增加的體重。此外，肥胖的婦女懷孕時的併發症較多，如糖尿病、高血壓；皮下脂肪累積過多，會使得皮膚擴張，較易留下妊娠紋，這也是很多孕婦特別在意的；如果胎兒過大，分娩的時間較長，危險性也會增加；此外，懷孕時體重增加過多，生產後擁腫的體型是許多婦女朋友在意的。

一般而言，懷孕初期適當體重的增加約1‧2公斤，懷孕中期及後期各約增加4~5公斤，因此整個懷孕期共增加10~12公斤。

懷孕期體重建議增加範圍		
重高指數（BMI）	建議體重增加量	
	公斤	磅
低（BMI < 19.8）	12.5 - 18	28 - 40
正常（BMI 19.8-26.0）	11.5 - 16	25 - 35
高（BMI > 26.0-29.0）	7 - 11.5	15 - 25
過高（BMI > 29.0）	6	15

孕期的熱量需求及適量體重的增加			
	熱量（大卡/天）	蛋白質（公克/天）	體重（公斤）
一般婦女	2000	60	52
懷孕前期	+ 150	+ 10	+ 2
懷孕中期	+ 300	+ 20	+ 5
懷孕後期	+ 300	+ 20	+ 5

資料來源：Food & Nutrition Board, Washington DC, National Academy Press, 1990.

4 以現代營養學看傳統食補

當薇欣知道懷孕之後，婆婆就開始每天殷勤的燉東西給她吃，中藥加上土雞、豬肝或豬心，為了不違背婆婆的好意，她只好每天乖乖的把所有補品吃了，可是眼看著自己的體重不斷的上升，還真有點擔心營養會不會過多了呢！

其實，在懷孕初期，只是胎兒細胞的分化時期，準媽咪如果攝取了過多的熱量，只會增加自己的體重。因此，懷孕初期只要三餐均衡的攝取六大類食物，而不需要額外的特別進補，到了懷孕中期之後，才需要考慮多補充蛋白質及其他營養素。

一般而言，我們用來進補的東西不外乎是蛋白質含量豐富的雞肉、排骨、內臟等肉類食品，但由於燉煮的食物如人蔘雞，都是經過長時間的加熱烹煮，很容易導致食物中營養素的破壞及流失，特別是維生素方面。蛋白質雖不至於流失，但高溫、長時間的加熱會使蛋白質變性，多少也會影響它的營養價值。雖然

每天吃了那麼多的肉類，但幾乎都是蛋白質，所以平日仍需多吃蔬菜及水果，以攝取足夠的維生素與礦物質。

　　此外，如果肉類與中藥或酒一起燉煮，就更需要注意了，例如麻油雞，常是雞肉中加入一、兩瓶米酒，而酒精與某些中藥會促進子宮的收縮，並不適合懷孕時的婦女大量食用。懷孕時許多人喜歡食用中藥來安胎，但是有出血現象的準媽咪必須注意，食用某些中藥後可能反而會導致流產。此外，也有老一輩的人喜歡以人蔘燉雞為懷孕的女兒或媳婦補元氣，如果患有高血壓的人，食用人蔘之後可能會加重身體的不適。因此，準媽咪們在非必要的狀況下，並不需要刻意的吃中藥進補，不如每天攝取均衡的飲食來得好；若真的想以中藥進補時，應該請教專業的中醫師，依照身體狀況及藥性來調配食用較好，千萬不可隨便自行購買中藥食用。

✦⑤ 每日飲食指南

　　由於食物的種類很多，衛生署將我們每天必須攝取的食物分為六大類，以梅花形來代表；而美國則將食物類型以金字塔分為六大類，越在頂端的食物則需要量越少，如油脂及糖，沒有確定的建議量，但建議審慎選用。由於種族、文化及生活環境的不同，我國對五穀根莖類，也就是米飯主食類的建議量較美國多；相對的，美國對肉類食品的建議量則較我國為多。如果我們每天的飲食中包含了這六大類食物，且達到建議攝取量，如此，就可以稱之為「均衡的飲食」了。

我國行政院衛生署與美國農業部飲食建議之比較						
	五穀根莖	蔬菜	水果	乳製品	肉、魚、蛋、豆	油脂
行政院衛生署	3~6碗 (9~18份)	3碟 (3份)	2個 (2份)	1~2杯	4份 (4兩)	2~3湯匙
美國農業部	6~11份	3~5份	2~4份	2~3杯	2~3份	—

備註：(-) 美國農業部對油脂及甜食沒有建議量

每日飲食指南

奶類 1~2 杯

水果類 2 個

蔬菜類 3 碟

五穀根莖類 3~6 碗

蛋豆魚肉類 4 份

油脂類 2~3 湯匙

來源：行政院衛生署

⑥ 孕期飲食須知與建議

> 　　佑芳每天都吃的很多，午餐時，還特地從家中帶了許多水果到辦公室，唯獨一樣東西她不吃，那就是牛奶。明知牛奶是很營養的東西，可是她一聞到牛奶的味道就喝不下去，既使勉強喝下一點，沒過多久，就會拉肚子。她一直想知道為什麼喝牛奶會腹瀉？懷孕時到底需要吃哪些食物才夠營養？不喝牛奶可不可以？或者有哪些食物是可以用來替代牛奶的？

一、牛奶及乳製品

　　由於「鈣」是骨骼及牙齒的主要成分，懷孕時應該多攝取鈣質來幫助胎兒的成長。而牛奶及乳製品中除了含有豐富的蛋白質及維生素 B2 外，也含有豐富的鈣，並且容易吸收。因此，建議懷孕的婦女每天喝2~3 杯的牛奶（每杯約 240CC），可當它做正餐中的一小部份，也可當做點心食用。

　　不喜歡喝牛奶的人可以把牛奶當做菜餚中的一種材料，例如加在西式的玉米濃湯中，也不失為一種好方法。有些人喝牛奶會拉肚子，這是所謂的「乳醣不耐症」。分解乳醣的乳醣酵素在我們出生時即存在腸內，如果成人之後，長期不喝牛奶，會導致腸道中乳糖酵素逐漸減少，一旦飲用乳製品時，由於分解乳醣的乳醣酵素不足，而無法消化乳製品中的乳糖，就會產生腹脹、腹痛或腹瀉的現象。這種情況下，可以先嚐試由少量

且稀釋的牛奶開始，兩、三天之後再逐漸增加濃度及飲用量，直到身體適應正常濃度為止；或是飲用優酪乳，也可以減少腹瀉現象的發生，因為優酪乳中的乳醣成份都已先行水解，因此不會有拉肚子的情形發生。目前，市面上也有一些不含乳糖的媽媽奶粉，對懷孕或哺乳的婦女是另一種好的選擇。

牛奶中除了蛋白質及鈣以外，也含有多量的脂肪，有些喜歡喝牛奶的人可能把牛奶當做一大的飲料，雖然獲取了足夠的鈣質及蛋白質，同時卻也攝取了過多的脂肪及熱量，因此我們並不建議大家把牛奶當作一天唯一的飲料。體重過重的孕婦，則可以考慮選擇食用低脂或脫脂牛奶。

奶類的迷失

最近，有人紛紛傳說「喝牛奶的人容易骨折」，甚至提出哈佛大學的研究：每天喝兩杯以上牛奶的婦女骨折的機率竟高於每週喝牛奶少於一杯的人。因此，大家開始懷疑牛奶是否是鈣質的最好來源！

事實上，牛奶含有豐富的鈣，的確是鈣質的良好來源，但是問題出在哪裡？原因在於蛋白質攝取量的多寡，而不是牛奶。我們都知道，鈣質在體內的吸收需要蛋白質的輔助，適量的蛋白質應該可以幫助鈣的吸收。可是，如果攝取了過多的動物性蛋白質，使得血液酸性增加，為了調節體內的酸鹼度，必須要釋放骨骼中的鈣來達到平衡。歐美國家多以肉類為主食，過多動物性蛋白質的攝取影響了鈣的吸收，因而出現了「喝牛

奶的人容易骨折」的誤解，事實上，應該減少肉類食品的攝取，而不是不喝牛奶。

正確的攝食觀念應該是：「每天均衡的攝取六大類食物，多與不足都是不好的！」

二·五穀根莖類

這類的食物主要是米飯、麵條、麵包、饅頭等主食類，也包括了玉米及馬鈴薯，是碳水化合物的來源，提供身體每天活動所需的熱能。亞洲人比較偏愛米飯，而米飯除了碳水化合物外，也含有少量的蛋白質。一般成人每天約吃3~6碗飯，懷孕的婦女每天約攝取4~6碗。

三·魚、肉、蛋、豆類

這裡的「肉」，是指各種肉類，包括豬肉、牛肉及雞肉等。這一類的食物蛋白質含量豐富，可做為建造身體組織之用。平日，我們建議攝取一份的魚、一份的肉類、一個蛋、以及一份的豆類；但是懷孕之後，必須多攝取一份的魚或肉，以補充身體額外所需的蛋白質。所謂「一份」的魚或肉，約是一兩重（37公克）左右，一般家庭主婦烹調食物時是不會以磅秤來秤量食物，所以我們可以「一個手掌大小、一公分厚」做為一份肉類估計方式。豆類，則包括了豆腐、豆乾、素雞等豆製

品，計量的方式，豆腐是以半塊（100 公克）為一份；而豆乾
是指一大塊（50 公克）；豆皮、素雞則以30 公克為一份。

四.水果類

水果種類很多，我們常吃的橘子、柳丁、檸檬及葡萄柚等
水果稱為枸櫞類水果，維生素 C 含量豐富。懷孕時每天至少要
吃 2~3 份的水果，其中一份最好是枸櫞類的水果，以獲取足夠
的維生素 C。

五.蔬菜類

蔬菜的種類很多，包括波菜、空心菜、甘藷葉等葉菜類，
蘿蔔、竹筍等根莖類，及花椰菜等花果類。蔬菜雖不會產生太
多的熱量，但卻含有豐富的維生
素、礦物質及膳食纖維，尤其
是深綠或深黃色的蔬菜

含維生素及礦物質更多。因此，建議大家每天約需吃三碟（每碟約 100 公克）的蔬菜，懷孕時則要再增加一些，其中最好有深綠色或深黃色的蔬菜，以獲取足夠的維生素及礦物質。

六．油脂類

油脂類包括了「動物性的脂肪」及「植物性的油類」，如豬油、牛油、沙拉油、大豆油、花生油及葵花油等。1 公克的油脂能夠產生 9 卡的熱量，比蛋白質或碳水化合物高一倍以上，因此油脂類主要的功用是提供身體活動所需要的熱量，攝取過多的熱量時，身體會自動地將這些熱量轉換為脂肪貯藏起來，這就是為什麼吃太多時會愈來愈胖的原因。

除了提供熱量外，脂肪可以填塞在皮下，以維持身體適當體溫並保護內臟器官，所以大家常說「胖的人比較不怕冷，胖的人跌倒比較不怕痛」，這也不無道理。平常我們每天約需 2~3 湯匙的油脂（每匙約 15 公克），懷孕時約需攝取 3 湯匙，事實上，我們每天所吃的肉類或炒菜所放的油已經足夠，因此不需要在飲食中特別額外添加油脂了。

孕前及孕期每日飲食建議

資料來源：行政院衛生署

食物種類	份量		份量說明 （可任選並輪流搭配食用）
	孕前	孕期	
五穀根莖類(碗)	3~6	4~6	每碗：乾飯一碗、或麵一碗、或中型饅頭一個、或吐司四片。
肉、魚、蛋、豆類 (份)	4	4~5	每份：肉或家禽或魚肉一兩（約30公克）；或豆腐一塊（100公克）；或豆漿一杯（240 c.c.）；或蛋一個
奶類 (杯)	1~2	2~3	每杯：牛奶一杯(240 c.c.)或優酪乳一杯 (240 c.c.)或乳酪一片（約30公克）
油脂類 (匙)	2~3	3	每匙：一湯匙 (15 公克)
蔬菜類 (份)	3	3~4	每份：蔬菜三兩（約100公克），其中至少有一份應為綠色蔬菜)。
水果類 (份)	2	3	每份：柳橙一個、小番石榴一個、蓮霧3~4個、木瓜 1/4 個、葡萄8~10個

備註：1.懷孕期及哺乳期每日需攝取五穀根莖類4~6碗，奶類2~3杯，蛋豆魚肉類4~5份，蔬菜類3~4份，水果類3份，油脂類3湯匙。必要時，奶類可以低脂奶代替，可降低熱量的攝取。

　　　2.每日所需之油脂大多已用於炒菜中。

7 孕期每日食譜示範

材料的稱量及換算

製作三餐中所使用的食物材料種類很多，有固體、粉狀、及液體，因此，市面上有簡單的稱量工具做為食物烹調過程中標準的稱量法。

1. 固體食物：

一般以磅稱來稱量，單位以「公克」（克）計算，如肉類、豆類、青菜、水果等食物。

2. 半固體、粉狀、液體：

可用量杯或量匙稱量，計量單位為「杯」或「匙」，如奶油、花生醬、麵粉、牛奶、炒菜油等食物。

各種稱量單位的換算方式如下：

1 公斤 = 1000 公克　　　　　1 台斤 = 600 公克

1 磅 = 454 公克　　　　　　1 兩 = 30 公克

1 公升 = 1000 毫升（c.c.）　　1 杯 = 240 毫升

1 湯匙 = 15 公克　　　　　　1 茶匙 = 5 公克

1 杯 = 16 湯匙　　　　　　　1 湯匙 = 3 茶匙

一・懷孕前期：

懷孕前體重為 52 公斤，中度工作者

早餐			午餐	
三明治1份	全麥吐司2片 蛋1個 蕃茄1片 植物奶油1茶匙 (5公克)		飯	乾飯2碗
			牛肉炒胡蘿蔔	牛肉1兩 胡蘿蔔75公克
牛奶	1杯(240CC)		紅燒豆腐	豆腐1塊 胡蘿蔔25公克 香菇及筍少許
水果	蘋果1個		炒青菜	空心菜100公克
			海帶味噌湯	海帶、味噌少許
			油	炒菜油2/3湯匙 (10公克)
			水果	西瓜1片
點心			點心	
			魚片麵1碗	魚肉1/2碗 麵50公克 青江菜少許 麻油1/3湯匙 (5公克)

123

晚餐	
咖哩燴飯	乾飯 1 碗
	豬肉 1 兩
	馬鈴薯 1/2 個
	胡蘿蔔及洋蔥少許
炒青菜	油菜 100 公克
	炒菜油 1/3 湯匙
	（5 公克）
雞茸玉米湯	雞茸及玉米少許
水果	木瓜 1 片

點心	
鮮奶	1 杯（240cc）
蛋糕	1 塊（約 25 公克）

營養分析	
熱量(大卡)	2215
蛋白質(公克)	74 (14%)*
脂肪(公克)	62 (25%)*
碳水化合物(公克)	340 (61%)*

＊( )內的數字為熱量百分比

二 ‧懷孕中及後期：

　　懷孕中、後期，由於所需的熱量及營養素較多，我們建議以「少量多餐」的方式，在各餐之間加入點心，來獲取足夠的營養。此外，我們一天中所攝取的蛋白質、碳水化合物及脂肪的多寡必須有一定的比例，依照衛生署對國人的飲食指標，每天蛋白質攝取量約佔總熱量的 10~15%，碳水化合物約佔總熱量的 55~70%，而脂肪的攝取量則佔總熱量的 25~30%，建議不要超過 30%，如此才能維持身體的健康。以下的菜單則是依照上述的建議，以簡單易做的家常菜為例，計算其中三大營養素，提供您做參考。

懷孕中、後期每日菜單

25~35 歲、懷孕前體重為 52 公斤，中度工作者

示範食譜（1 人份）

示範食譜 1 (1人份)

早餐	
稀飯	白稀飯 1 碗
饅頭夾蛋	饅頭 1/2 個
	荷包蛋 1 個
	炒菜油 1 茶匙
炒青菜	小白菜 100 公克
	炒菜油 1 茶匙
水果	木瓜 1 片
	(100 公克)

點心	
牛奶、餅乾	全脂牛奶 1 杯
	蘇打餅乾 3 片

午餐	
乾飯	白飯 2 碗
蝦仁豆腐	蝦仁 1/2 兩
	豆腐 1 塊
	(100 公克)
	炒菜油 1 茶匙
韭黃肉絲	韭黃 100 公克
	瘦豬肉絲 1/2 兩
	炒菜油 1 茶匙
炒胡蘆瓜	胡蘆瓜 100 公克
	炒菜油 1 茶匙
青菜湯	青菜少許
水果	梨 (小) 1 個

點心	
水果沙拉	蘋果 1 個
	香蕉 1/4 個
	脆土司 1 片
	(切成顆粒)

食譜

晚餐	
乾飯	白飯 2 碗
紅燒魚	馬加魚 1 兩
	炒菜油 1 茶匙
二色雞」	雞丁 1/2 兩
	毛豆 50 公克
	胡蘿蔔 50 公克
	炒菜油 1 茶匙
炒青菜	青江菜 100 公克
	炒菜油 1 茶匙
水果	葡萄 12 顆

點心	
鮮奶麥片：	鮮奶 1 杯
	(240c.c.)
	麥片 2 湯匙

營養分析	
熱量(大卡)	2328
蛋白質(公克)	81 (14%)*
脂肪(公克)	67 (26%)*
碳水化合物(公克)	368 (63%)*

＊( )內的數字為熱量百分比

預約一個健康 Baby...

示範食譜 2 (1人份)

早餐	
燒餅、油條	燒餅1個
	油條1根
豆漿	豆漿1杯
	砂糖（2茶匙）
水果	哈蜜瓜1塊

點心	
	柳橙汁1杯
	蛋糕1塊
	（25公克）

午餐	
肉絲炒麵	麵條1碗
	（90公克）
	瘦豬肉絲1兩
	小白菜少許
	雞蛋1個
	炒菜油1茶匙
冬瓜湯	冬瓜少許
水果	蘋果（小）1個

點心	
水牛奶麥片	全脂牛奶1杯
	麥片2湯匙
	（30公克）

晚餐	
乾飯	白飯 1 碗
芹菜墨魚	芹菜 50 公克
	墨魚 1.5 兩
	炒菜油 1 茶匙
炒三寶	雞丁 1 兩
	小黃瓜 50 公克
	胡蘿蔔 50 公克
	炒菜油 1 茶匙
	豆瓣醬少許
素炒四季豆	四季豆 100 公克
青菜湯	莧菜少許
水果	脆桃 1 個

點心	
牛奶	全脂牛奶 1 杯
麵包	小餐包 1 個
	植物油 1 茶匙

營養分析	
熱量(大卡)	2346
蛋白質(公克)	78.5
	(13.5%)*
脂肪(公克)	78 (30 %)*
碳水化合物(公克)	333 (57%)*

＊( )內的數字為熱量百分比

示範食譜 3（1 人份）

早餐	
牛奶	全脂牛奶 1 杯
饅頭夾蛋	饅頭 1 個
	荷包蛋 1 個
	炒菜油 1 茶匙
水果	木瓜 1 塊

點心	
小魚莧菜粥	稀飯 2 碗
	小魚乾 10 公克
	莧菜少許
	炒菜油 1 茶匙

午餐	
乾飯	白飯 1 碗半
翠玉蝦球	蝦仁 1.5 兩
	毛豆 50 公克
	炒菜油 1 茶匙
紅燒蘿蔔	白蘿蔔 100 公克
	炒菜油 1 茶匙
炒青菜	甘藷葉 100 公克
	炒菜油 1 茶匙
金針湯	金針少許
水果	柳丁（小）2 個

點心	
牛奶	全脂牛奶 1 杯
蛋糕	海綿蛋糕 1 塊

晚餐	
水餃	豬肉水餃 12 個
白菜豆腐湯	小白菜少許
	豆腐半塊
	麻油 1 茶匙
水果	蘋果（小）1 個

營養分析	
熱量（大卡）	2368
蛋白質（公克）	78.5 (13.5%)*
脂肪（公克）	78 (30%)*
碳水化合物（公克）	338 (57%)*

*（)內的數字為熱量百分比

點心	
鮮奶麥片：	鮮奶 1 杯
	（240cc）
	麥片 2 湯匙

131

示範食譜 4 (1人份)

早餐	
豬肝麵	麵條 90 公克
	豬肝半兩
	菠菜（少許）
	麻油（2 湯匙）
水果	葡萄 12 顆

點心	
牛奶	全脂牛奶 1 杯
麵包	吐司 2 片
	果醬 1 湯匙

午餐	
甘薯飯	乾飯 1 碗
	甘藷半個
豆乾小魚	小魚乾 10 公克
	豆乾 1 塊
	炒菜油 1 茶匙
紅燒冬瓜	冬瓜 100 公克
	炒菜油 1 茶匙
炒青菜	油菜 100 公克
	炒菜油 1 茶匙
白菜湯	大白菜少許
水果	蕃石榴半個

點心	
水果沙拉	蘋果 1 個
	香蕉 1/4 個
	脆土司 1 片
	（切成顆粒）

晚餐	
乾飯：	白飯 1.5 碗
蕃茄炒蛋：	大蕃茄半個
	蛋 1 個
	炒菜油 1 茶匙
翡翠雞丁：	綠花椰菜 50 公克
	雞丁 1 兩
黃豆芽湯：	炒菜油 1 茶匙
	黃豆芽少許
水果：	梨（小）1 個

點心	
牛奶	全脂牛奶 1 杯
饅頭	1 個（小）

營養分析	
熱量(大卡)	2368
蛋白質(公克)	78.5 (13 %)*
脂肪(公克)	78 (30%)*
碳水化合物(公克)	338 (57%)*

＊( )內的數字為熱量百分比

示範食譜 5 （1人份）

早餐	
豆漿	豆漿 1 杯 砂糖 1 茶匙
蛋餅	餅 1 張 雞蛋 1 個 炒菜油 2 茶匙
水果	蕃石榴半個

午餐	
雞絲麵片	麵片 90 公克 雞胸肉 1 兩 青江菜少許 麻油 2 茶匙
水果	橘子 1 個

點心	
木瓜牛奶	木瓜 1 塊 全脂鮮奶 1 杯 砂糖 1 茶匙
吐司	吐司 2 片

點心	
山藥排骨湯	山藥 70 公克 小排骨 2 兩

食譜

晚餐	
牛肉燴飯	白飯 1.5 碗
	牛肉片 1 兩
	胡蘿蔔 50 公克
	小白菜少許
	炒菜油 2 茶匙
水果	葡萄 12 顆

營養分析	
熱量（大卡）	2356
蛋白質（公克）	80.5 (30%)*
脂肪（公克）	78 (30%)*
碳水化合物（公克）	333 (56%)*

*( )內的數字為熱量百分比

點心	
牛奶麵茶	全脂牛奶 1 杯
	麵茶 2 湯匙
	砂糖 1 茶匙

示範食譜 6 (1人份)

早餐	
牛奶	低脂牛奶 1 杯
牛肉漢堡	肉餅 1 兩
	生菜少許
	沙拉醬 1 茶匙

午餐	
乾飯	白飯 1 碗半
蕃茄豆腐	蕃茄半個
	豆腐 1 塊
	炒菜油 1 茶匙
蒜泥白肉	瘦豬肉 1 兩
	細砂糖 1 茶匙
	蒜泥、醬油少許
炒青菜	空心菜 100 公克
	炒菜油 1 茶匙
紫菜湯	紫菜少許
水果	西瓜 1 塊

點心	
紅豆圓仔	紅豆湯 1 碗
	小圓仔 10 個
	砂糖 2 茶匙

點心	
甘藷蛋餅	甘藷 120 公克
	玉米澱粉少許
	雞蛋 1 個
	炒菜油 2 茶匙
果汁	柳橙汁 1 杯

晚餐	
什錦麵	麵條 90 公克
	魚片半兩
	蝦仁半兩
	瘦豬肉絲半兩
	胡蘿蔔絲 50 公克
	炒菜油 1 茶匙
	麻油 1 茶匙
水果	木瓜 1 塊

點心	
牛奶	全脂牛奶 1 杯
餅乾	蘇打餅乾 3 片

營養分析	
熱量(大卡)	2344
蛋白質(公克)	78(14 %)*
脂肪(公克)	74(28%)*
碳水化合物(公克)	342(58%)*

*( )內的數字為熱量百分比

示範食譜 7 （1人份）

早餐	
乾飯	白飯1碗
青蔥炒蛋	雞蛋1個
	蔥少許
	炒菜油1茶匙
紅燒肉	瘦豬肉1兩
	白蘿蔔50公克
炒青菜	青江菜100公克
	炒菜油1茶匙
水果	木瓜1塊

點心	
	低脂牛奶1杯
	烤吐司2片

午餐	
乾飯	白飯1碗半
紅燒魚肚	虱目魚肚1兩
涼拌小黃瓜	小黃瓜100公克
	麻油2茶匙
	砂糖1茶匙
滷大白菜	大白菜100公克
	炒菜油1茶匙
水果	橘子1個

點心	
餛飩湯	餛飩（小）7個
	青菜少許

晚餐	
乾飯	白飯 1 碗半
芥藍肉絲	芥藍菜 50 公克
	瘦豬肉 1 兩
	炒青油 1 茶匙
炒三絲	干絲 25 公克
	胡蘿蔔絲 50 公克
	綠豆芽 50 公克
	炒菜油 1 茶匙
素炒澎湖絲瓜	澎湖絲瓜
	100 公克
	炒菜油 1 茶匙
水果	葡萄 12 顆

點心	
紅豆牛奶	低脂牛奶 1 杯
	紅豆 1 湯匙

營養分析	
熱量 (大卡)	2346
蛋白質 (公克)	78.5
	(13.5 ％)*
脂肪 (公克)	78 (30%)*
碳水化合物 (公克)	333 (57%)*

＊( )內的數字為熱量百分比

⑧ 懷孕時應避免的飲食與藥物

> 聽說,懷孕時母親所吃的東西會影響寶寶的成長,
> 所以酷愛咖啡的小屏在知道自己懷孕後就一直忍
> 著不喝咖啡,深怕喝下的咖啡會讓寶寶的皮膚
> 變成「咖啡」色!

　　婦女在懷孕中期以後,由於子宮的壓迫及體重的增加,容易發生便秘及腿部水腫的現象,所以應儘量避免攝食刺激性的食物,例如辣椒、胡椒等。然而,平常愛好喝茶或喝咖啡的婦女,懷孕之後並不需要刻意的禁止,每天仍可以少量的飲用咖啡或茶。但是,由於咖啡及茶內的咖啡因與單寧酸會影響鈣的吸收,每天的飲用量最好不要超過兩杯。至於咖啡會影響寶寶皮膚顏色的說法,則是坊間流傳,毫無科學根據的。

避免油膩食物和重鹽

　　懷孕後,由於身體外形改變,不方便做家事或烹煮菜餚,加上目前社會型態傾向小家庭式的職業婦女,在外用餐的機會很多。餐廳中的菜餚大部分都比較油膩,調味也較重,所以在外用餐點菜時,必須注意不要點太過油膩的菜餚,以免攝取過多的油脂及熱量,使得體重增加太多;也要少吃調味太重的食物,避免鹽份攝取過多易導致水腫。

　　此外，除了肉類食物外，更應該多吃些蔬菜，飯後最好也吃些水果，獲取足夠的纖維。當然，還有些人喜歡以泡麵當做點心，大部份泡麵中的調味料都太鹹，食用時應該減少使用量，此外，最好在泡麵中再加上一些青菜或蛋，以補充蛋白質、維生素、礦物質及纖維質的攝取。

小心感冒及用藥安全

　　懷孕時對藥物的使用必須非常小心，任何用藥最好事先請教醫師。若只是輕微的感冒，應該多喝開水、多休息，讓其自然痊癒；但是如果感冒較嚴重、或發燒的話，必須立即看醫師，因為發燒過度可能會導致胎兒缺氧。至於外用藥膏也必須小心使用，有些外用藥含有消炎的成份，可能會影響胎兒的發育，例如治療青春痘的維生素 A 酸，可能會導致胎兒顏面、骨骼、神經異常。所以，即使是使用外用藥，也不得不慎重！

9 孕期的不適與飲食調整

在辦公室裡，常看到育如進進出出辦公室，也發現她的臉色不太好，身為主管的我只好仔細的追問了。原來育如懷孕二個多月之後發生較嚴重的嘔吐現象，使得臉色有些蒼白，而且體重似乎也輕了些，因此，我建議她在飲食方面做一些調整。

一 · 害喜——噁心與嘔吐

懷孕期間，由於胎盤及卵巢分泌黃體素（體內的一種賀爾蒙），使得胃排空的時間延長，因而產生了一些不適的情況，例如噁心及嘔吐是最常見到的，一般將這種現象稱之為「害喜」。這種不適的現象通常發生在懷孕初期，除了因賀爾蒙刺激中樞神經而產生不平衡的現象外，懷孕的壓力導致緊張，也會使孕婦發生噁心或嘔吐的情形，進入懷孕中期時，不適的狀況會自然減輕，甚至消失。

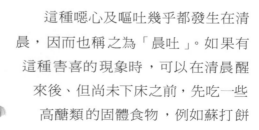

這種噁心及嘔吐幾乎都發生在清晨，因而也稱之為「晨吐」。如果有這種害喜的現象時，可以在清晨醒來後、但尚未下床之前，先吃一些高醣類的固體食物，例如蘇打餅

乾或吐司，但不飲用液體食物，休息半小
時之後再起床，起床後就可以喝些牛奶
或果汁等液體食物了。固體與液體的食
物分開進食，對改善噁心與嘔吐
的現象多少有些幫助；服用
維生素 B6 對嚴重的嘔吐
也會有改善的現象；
此外，一天中的飲食
應儘量清淡，不要太
過油膩或調味太濃，
都可減輕此種不適的現
象。如果體重過輕，可以「少
量多餐」的方式進食，以獲取足夠的營養。但是如果嘔吐的情
形太過嚴重，可能導致體內水份、電解質及營養失調，影響了
日常的生活及身體健康，此時就應該去請教醫師了。當然，心
情放鬆，適當的紓解壓力也是必須注意的。懷孕之後，大部分
的人都會覺得疲倦，此時應該多臥床休息，充份的休息對不適
現象的紓緩也有幫助。

二 · 頻尿

　　懷孕時由於子宮日漸擴大而壓迫到膀胱，準媽媽們可能一
個晚上要起床四、五次，可是每次卻又解不出多少尿，因而常
覺得晚上睡不好，有些準媽咪甚至有尿失禁的現象，這些問題

並沒有特殊的解決方法,如果覺得頻尿現象已經影響了生活,就應該請教醫師予以治療。

三‧便秘與痔瘡

　　「便秘」與「痔瘡」也是懷孕時期極易發生的問題。懷孕時,由於子宮的壓迫,減少了胃腸的蠕動,消化機能因而降

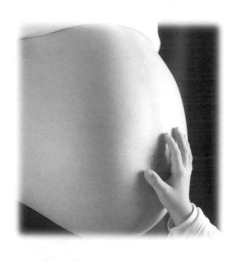

低,再加上懷孕時體重增加,減少了運動的機會,所以很容易引起便秘。這個時候應該多喝水、多吃些富含纖維質的食物,例如蔬菜、水果及全麥麵包等,並且應該多運動,養成定時排便的習慣,都可以改善便秘的情況。其實,痔瘡的產生與便秘有關,懷孕時子宮的增大會增加骨盆內的壓力,使肛門內血液的回流受到阻礙,因而形成血管瘤,稱為「痔瘡」。痔瘡會使排便困難,增加便秘的機會,有時也會疼痛或流血;同樣的,便秘情況嚴重時也會產生痔瘡。多喝水、吃纖維質含量豐富的食物,對改善便秘有幫助;排便時不要太用力,或外用軟膏可以治療痔瘡。

四 · 腸胃不適

懷孕後，由於腸胃蠕動能力降低、胃部擴約肌鬆弛，或因子宮擴大造成胃部移位，致使胃內的食物倒流至食道，造成胃有灼熱感。建議準媽咪們減少高油脂或油炸的食物，少量多餐，餐後不要立刻躺下，如果躺下應將背部稍為墊高，如此，可改善腸胃不適的現象。

五 · 腿部水腫與靜脈曲張

懷孕末期時，子宮增大許多，導致腿部血液循環受阻，因而發生腿部靜脈曲張及下肢易覺疲勞、酸痛。此外，小腿及腳部水腫也是懷孕末期常見的現象，尤其是因工作而必須長時間站立的人，則更容易發生這些問題，這個現象並不是水分攝取過多造成的，而是因腎臟對水分再吸收的作用增加。此時，應減少鹽份的攝取、減少長時間站立的機會、休息時可按摩腿部、並將腿部抬高，如果因工作關係需要常走動，則應該穿彈性襪來減輕這種腿部不適的現象。

六 · 腿部抽筋

懷孕婦女在夜晚入睡後常容易有小腿抽筋的現象，發生的原因可能是逐漸變大的子宮壓迫到下肢靜脈，再加上站立時間過久，睡眠姿勢不當，

或鈣攝取不足，這些原因都可能導致腿部抽筋。所以在飲食方面應補充鈣質、減少磷的攝取，因為過多的磷會影響鈣的吸收。牛奶、小魚乾、海藻等食物內含有豐富的鈣，可以多選用；至於可樂、汽水等碳酸飲料則含有多量的磷，火腿、香腸等加工製品中也添加了過多的磷，應少量食用。

七‧貧血

懷孕時，體內血液量增加，使得血液中紅血球及白血球的數目相對的降低，因而產生所謂懷孕時的生理性貧血，懷孕前、或懷孕時，如果鐵質攝取不足，比較容易發生貧血的情況。懷孕時期，除了母體本身的需要外，胎兒的成長、發育也需要足夠的鐵，此時在食物選擇方面，不僅應多選用富含鐵的食物，而且所含的鐵最好是利用率較高的，例如蛋、內臟、肉類等食物，額外服用鐵劑也是補充鐵攝取不足的方法。此外，維生素 C 能夠促進鐵質的吸收，在用餐時可以飲用一杯富含維生素 C 的果汁；但茶與咖啡會減少鐵的吸收，所以最好在飯前或飯後二小時之內不要飲用咖啡或茶。

八‧陰道分泌物增加

懷孕時，由於子宮頸分泌黏液過多、及陰道黏膜過度增生，準媽咪們常會覺得陰道分泌物增加，其實只要是白色、無

特殊異味的分泌物，都是屬於正常的現象。但是須注意的是，懷孕時陰道酸鹼值的改變，比較容易發生念珠菌的感染，所以準媽咪們應選擇寬鬆的綿質內褲，少用衛生護墊，保持外陰部的清潔及乾燥。如果分泌物為有顏色及異味，應立刻請教專業醫師。

九‧體重過重

懷孕時體重過重會有難產的現象，而導致肥胖的原因通常都是不良的飲食習慣所造成。提供身體熱量的營養素包括碳水化合物、脂肪及蛋白質，除了脂肪含較高熱量外，尤其是碳水化合物水解後成為葡萄糖，再經體內循環送到身體各部份，以補充身體活動所需的熱能，如果攝取過多的熱量，多餘的熱量也會轉變為脂肪，貯存於體內，所以體重過重的婦女應避免攝取高脂肪及高碳水化合物的食物。

體重過重時，在選擇食物方面，要儘量避免甜點，例如：蛋糕、饅頭，想吃甜食時，可以吃些水果；也應少用奶油或果醬塗抹麵包或餅乾；烹調肉類時，先將皮及肥肉去除，且儘量不用油炸的烹調方式，多用蒸或滷的方

式。除了注意飲食之外，運動也是非常重要的，其中又以散步最為簡單。每天晚餐後輕輕鬆鬆的散步三十分鐘，既能消耗熱量、又可放鬆心情。或是利用做家事的機會，如洗碗、掃地，活動一下筋骨也是不錯的。總而言之，「胖」不是一天造成的，同樣的，體重控制也不是一天就能做到的，我們平日就該注意飲食的均衡及適度的運動。

十‧背部酸痛

懷孕中期之後，子宮的擴大使得準媽咪的脊椎因受到壓迫而前傾，但是為了維持平衡，身體會自然的向後仰，長期的姿勢不良影響脊椎，引起腰酸背痛。準媽咪應多休息，站立或坐下的時間不要太久；每天做溫和的產前運動或局部按摩、熱敷來改善腰酸背痛的狀況；使用托腹帶來支撐腹部的重量，也可以減輕腰酸背痛。

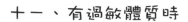

十一、有過敏體質時

懷孕時如果有過敏的現象，在飲食上就該注意，盡量減少攝取容易引起過敏的食物，例如海鮮，或是未經烹煮

的生鮮食物。例如喝牛奶會腹瀉〈乳醣不耐症〉的媽咪，可以
豆漿或優酪乳替代牛奶。當身體減少對食物的敏感度之後，就
可以降低寶寶過敏的機率了。當然，目前也沒有研究證實，過
敏的媽咪就一定會生下過敏體質的寶寶！

10 特殊狀況下的飲食

> 曉利來信告訴我，前兩天她去醫院做產前檢查，結
> 果發現有糖尿病。從小到大，她的身體還算健康，腦中
> 從來就沒有糖尿病的概念，一直以為那是老年人的疾
> 病，沒想到懷孕時，卻意外發生在自己的身上，她感到
> 很無助、害怕。

一 · 妊娠糖尿病

懷孕時，一方面因胎盤產生的賀爾蒙進入母親體內，影響
了胰島素的正常作用；另一方面由於胎兒不斷攝取母體中的葡
萄糖及胺基酸，使母體血糖降低，這兩個因素都會影響母親體
內醣類的代謝，而導致血糖不穩定。「妊娠糖尿病」是指婦女
平常並沒有糖尿病的現象，但在懷孕期間卻發現了糖尿病，生
產之後又會恢復正常。通常高齡產婦、有糖尿病家族史、曾經
生產過較大的嬰兒、曾經罹患妊娠毒血症、或肥胖者，在懷孕
時較易發生糖尿病，約佔懷孕人數的1~3％。

懷孕時正常的血糖值，空腹時約為90 毫克/100 毫升，飯後一小時約為165 毫克/100 毫升，如果空腹時的血糖超過120 毫克/100 毫升時，就應該懷疑是糖尿病了。

懷孕時糖尿病的發生，會使羊水增加，羊水過多易造成早期破水及早產；也可能造成胎兒在子宮內生長遲滯，以致畸形或死胎；糖尿病會使胎兒體型較大、體重過重，導致產程複雜，造成難產。

妊娠糖尿病的飲食調整與一般的糖尿病是不一樣的，每日的飲食中必須提供母親及胎兒足夠的營養，依照每個人的活動量來控制適當的熱量攝取，以維持正常的體重，並不需刻意減少醣類食物的攝取，但以多醣類為主。由於空腹期間血糖較易降低，所以必須注意餐與餐之間點心的供給。此外，並配合適量的運動，必要時可請教醫師，以胰島素治療。

二‧妊娠高血壓

一般正常的血壓，是指收縮壓不高於140 毫米汞柱、舒張壓不高於90 毫米汞柱。懷孕時期血壓通常會稍為降低，直至生產前才回復到正常，然而有些婦

女懷孕時出現高血壓的現象，其原因尚未十分明瞭，但在產前
檢查時即可發現、並加以控制。嚴重的慢性高血壓對孕婦本身
可能導致水腫、視力障礙或尿毒；也可能造
成寶寶的早產、或胎死腹中。

　　患有高血壓的準媽咪在飲食方面，
須控制鹽份的攝取，避免吃太鹹、醃燻
或醃漬食物、醬菜或罐頭食品。平日多
吃蔬菜，飲食應清淡，少油、少鹽，不抽
菸、喝酒，定時產檢，以確保孩子與自己的健
康。

三‧妊娠毒血症

　　引發妊娠毒血症的真正原因並不清楚，通常發生在懷孕 30
週以後，症狀為體重突然增加許多、血壓上升、臉或手水腫、
甚至有蛋白尿的產生，懷孕婦女有頭痛、嘔吐、腹部疼痛等現
象，對胎兒則會造成成長遲緩。由於水份及鈉滯留在體內，造
成水腫的產生，因此在飲食方面，必須限制鈉質（鹽份）的攝
取，亦即不可吃太鹹的食物，例如香腸、臘肉、醬瓜等醃製食
品盡量少吃；可採用蒸、燉、煮等烹調方式，以減少鹽的攝
取。熱量及蛋白質的攝取必須適量，體重過輕反而增加妊娠毒
血症的機率，至於維生素與礦物質也必須攝取充足。若有其它
特殊問題，應即刻請教專業醫師及營養師。

✦11 「素食媽咪」的特殊營養需求

前一陣子，淑惠在一個偶然的機會裡，認識了一個有虔誠宗教信仰的朋友，自然而然的，淑惠也漸漸有了宗教的信仰。由於信仰的因素，淑惠吃肉類食物的次數愈來愈少，除了稍微消瘦以外，但身體還算健朗，並沒有出現一些異常的現象。然而，當淑惠最近知道自己懷孕後，不由自主的開始緊張，她擔心「吃素」是否會影響胎兒的成長發育？尤其是先生的關心：「妳的臉色不怎麼好！...」，讓淑惠更加不安了。

有些人因為某些因素，或宗教信仰的關係而吃素，因此，「吃素」也有不同的形式。有人是初一、十五吃素；有些人則只有早餐吃素；有些人是吃「蛋奶素」（亦即吃蛋、喝牛奶）；而大部份吃素的人則是純素者，完全不吃動物性食物。植物性食物幾乎是指蔬菜、豆製品及水果等，然而有部份的營養素只

存在於動物性食物中，如果長期缺乏這些營養，容易引起營養素的缺乏症。

鈣質容易缺乏

例如「鈣」及「維生素D」，是胎兒骨骼及牙齒發育所

必需的營養素，牛奶及乳
製品中含量很豐富，而
海產類中也含有許多
鈣。如果吃純素的
人，既不吃動物性
食物，也不喝牛奶，
長期下來，可能會鈣
攝取不足。雖然部份植
物性食物中含有不少的
鈣，但因植物中的鈣幾乎都存在

於外皮、或纖維粗硬的部位，纖維會促進胃腸蠕動，而減少了
鈣的吸收；此外，蔬菜中的草酸或植酸會與鈣結合，形成另一
種化合物，阻礙了鈣的吸收，例如波菜或芥藍菜就是這種情
形。

　　母體如果長期食物中的鈣攝取不足，但骨骼內的鈣仍需不
斷釋出，供胎兒使用，母親的骨質會因此受到影響，容易形成
骨質疏鬆症；胎兒雖可藉由胎盤的傳遞，獲取母體的鈣，但可
能仍不敷使用，胎兒的骨骼發育也會受到影響，可能會罹患軟
骨症。軟骨症的寶寶因骨質硬度無法支撐身體，通常存活期不
長。我們建議懷孕的母親喝些牛奶或吃乳酪，每天至少兩杯牛
奶，如果素食的準媽咪不喝牛奶或不吃乳製品，就必須藉助於
營養補充品來補充鈣了。

鐵質吸收易受干擾

懷孕期間，由於體內血液量增加，鐵的需要量也需增加。鐵是紅血球的主要成份，因此越紅的肉類所含的鐵量越多，例如牛肉中含的鐵就比豬肉多，而豬肉中含的鐵又比雞肉多。由於素食者都是攝取植物性食品，不吃肉類，但是植物性食品中（如菠菜）的草酸及植酸會與鐵結合，形成不溶於水的化合物，干擾了鐵質的吸收。因此，素食者在懷孕期對食物攝取的種類及量均必須增加，或者服用鐵劑補充，避免缺鐵性貧血的發生。

易導致維生素 B_{12} 不足

維生素 B_{12} 都存在於動物性食物中，例如肉類、內臟等，植物性食物中幾乎不含有維生素 B_{12}。我們人體的腸管細菌雖可以合成維生素 B_{12}，但合成量有限。素食者不吃動物性食物，再加上腸中合成 B_{12} 的量不足，較容易罹患惡性貧血，長期吃純素的準媽咪應考慮以維生素錠劑額外補充。

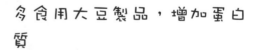

多食用大豆製品，增加蛋白質

至於蛋白質，因為動物性蛋白含有我們身體所需的各種「必需氨基酸」，品質比植物性蛋白質好。然而，素食者的蛋白

質來源多為植物性蛋白質，例如米飯或豆製品，其中以黃豆（大豆）蛋白質的品質較好，也就是說在體內的吸收及利用較其它植物蛋白質好。我們在市面上所購買的麵筋、麵腸、烤麩等製品，是由麵（亦即麥類）抽出的蛋白質，並不是豆類，品質不如黃豆。其它如素魷魚、素蝦仁皆是由蒟蒻做成的，蒟蒻屬於一種植物膠，成份多是纖維質，不含有蛋白質或熱量。

　　由於素食食物的種類有限，所以在選擇食物上更應注意，避免只集中少數某些食物，種類應儘量多樣化，互相搭配、截長補短，才能獲取足夠的營養。

12 外食媽咪注意事項

　　在與時間競爭的社會裡，上班族因為工作的忙碌，幾乎三餐都在外解決。在一般餐廳或咖啡簡餐廳用餐是一種享受，但是因為懷孕時免疫力比較弱，身體也較難與食物中的致病菌抗爭，除了營養之外，所以安全性的考量是必要的。

1. 環境

　　當你進入一家餐廳、入座之前，先看看四周的環境，如果環境不夠清潔，就應該考慮改換一家餐廳。用餐之前，請用肥皂洗手；如果沒有肥皂，可用含有酒精的擦手紙擦拭。

2. 菜色

由於懷孕之故,首先須考慮足夠的熱量攝取,多一點點的米飯、少一點肉類、少選油炸食物、多一些蔬菜,菜色多樣化,才符合健康營養的飲食。

為避免細菌或病毒的感染而導致食物中毒,應減少攝取生冷的食物,尤其是肉類或魚類更應完全煮熟後再食用。

3. 熟食外帶

如果選擇外帶食物,由於食物溫熱,在購買之後立刻回家食用。冷食則應在兩個小時內能食用,或是回家之後立即放入冰箱,食用之前再由冰箱取出。許多人喜歡將熟食放在車內,其實車內溫度較高,細菌孳生速度很快,易導致胃腸疾病。

13 孕期素食食譜示範

建議素食媽咪採「蛋奶素」

由於素食者所攝取的食物種類有限,不但不易獲取足夠的熱量,也較易導致某些營養素的缺乏,尤其是純素者,對於鐵質與維生素 B12 的攝取通常不足。為了維持母體健康的營養狀態,建議素食者在懷孕時最好選擇攝取雞蛋、牛奶之「蛋奶素」。

【素食示範菜單：蛋奶素】(1人份)

早餐	
稀飯	白稀飯1碗
荷包蛋	雞蛋1個
	炒菜油1茶匙
紅燒豆包	豆包2/3個
	（25公克）
炒青菜	油菜100公克
	炒菜油1茶匙
水果	蘋果1個

點心	
牛奶	全脂牛奶1杯
饅頭	饅頭（小）1個
	果醬2茶匙

午餐	
乾　飯	白飯1碗半
家常豆腐	豆腐1塊
	毛豆50公克
	胡蘿蔔50公克
	炒菜油1茶匙
香菇蘆筍	蘆筍100公克
	胡蘿蔔50公克
	香菇3朵
	炒菜油1茶匙
炒青菜	芥菜100公克
	炒菜油1茶匙
水果	香瓜半個

點心	
陽春麵	麵條30公克
	綠豆芽少許
	麻油2茶匙
滷豆乾	豆乾1塊

食譜

晚餐	
燴飯	白飯 1 碗半
素炒三色	素雞 3 ／ 4 條 （50 公克） 香菇 3 朵 青江菜少許 炒菜油 2 茶匙
水果	柳丁 1 個

營養分析	
熱量(大卡)	2321
蛋白質(公克)	80 (14 %)*
脂肪(公克)	75 (29%)*
碳水化合物(公克)	332 (57%)*

*（)內的數字為熱量百分比

點心	
鮮奶麥片：	鮮奶 1 杯 （240cc） 麥片 2 湯匙

◎常見食物(每100公克)蛋白質、維生素 B_{12}、 鈣及鐵的含量

	食物	蛋白質 (公克)	維生素 B12(毫克)	鈣 (毫克)	鐵 (毫克)
殼物類	白飯			1	0.2
	白吐司麵包		0.47	26	1.1
	全麥吐司麵包		0.21	20	1.2
	饅頭			4	0.1
	米漿		0.06	4	0.1
澱粉類	甘薯			34	0.5
	馬鈴薯			3	0.5
	芋頭			28	0.9
	蒟蒻			91	0.6
堅果及種子類	花生			92	29.5
	花生醬			7	2.4
	白芝麻			81	8.4
	黑芝麻			1456	24.5
	腰果（生）			38	6.3
豆類	小三角油豆腐			216	2.5
	傳統豆腐			140	2.0
	小方豆干			685	4.5
	干絲			287	6.2

（接下頁）

（接上頁）

	食物	蛋白質 (公克)	維生素 B12(毫克)	鈣 (毫克)	鐵 (毫克)
豆類	豆腐皮			62	4.7
	粉絲(冬粉)			2	1.9
	毛豆			64	7.8
	紅豆			115	9.8
	敏豆			41	0.6
	菜豆			27	0.8
	黃豆			171	7.4
	豆漿			11	0.4
	綠豆			141	6.4
	豌豆			44	2.5
肉類	牛小排	11.7	1.91	6	1.6
	牛腱	20.4	1.83	10	3.0
	羊肉	18.8	1.60	8	0.6
	里肌肉(豬)	22.2	0.82	1	0.6
	豬小排	18.1	0.82	38	1.1
	豬肝	31.2	30.10	16	19.9
	豬血	3.1	0.14	9	1.5
	鴨肉	20.9	2.79	4	3.8
	全雞	65.0	0.31	1	0.4

◎常見食物(每100公克)蛋白質、維生素B₁₂、 鈣及鐵的含量

	食物	蛋白質 (公克)	維生素 B12(毫克)	鈣 (毫克)	鐵 (毫克)
魚貝類	雞肝	18.4	9.62	3	3.5
	鵝肉	15.6	1.30	11	1.9
	虱目魚	21.8	1.69	16	0.7
	草魚	17.2	0.041	63	0.7
	鯉魚	14.5	1.16	21	1.2
	鮭魚	19.8	10.62	2	0.5
	鱈魚	14.7	0.67	7	0.2
	石斑魚	18.5	0.72	32	0.3
	吳郭魚	20.1	2.09	7	1
	粉仔魚	8.8	1.51	23	0.2
	白鯧魚	16.8	1.90	8	0
	小魚干	16.1	54.20	2213	6.8
	牡蠣	10.7	40.00	25	7
	小卷	20.1	4.57	120	0.7
	花枝	10.9	1.17	13	0.2
	草蝦	22.0	2.54	5	0.3
	紅蟳	20.9	4.63	79	2.6

（接下頁）

（接上頁）

	食物	蛋白質 (公克)	維生素 B12(毫克)	鈣 (毫克)	鐵 (毫克)
蔬果類	胡蘿蔔	1.1		30	0.4
	茭白筍	1.5		4	0.3
	綠豆芽	3.1		147	0.8
	黃豆芽	7.1		29	0.8
	蘆筍	2.3		41	1.2
	小白菜	1.0		106	1.4
	空心菜	1.4		78	1.5
	甘藷葉	3.3		85	1.5
	芹菜	0.9		66	0.9
	菠菜	2.1		77	2.1
	柳丁	0.8		32	0.2
	愛文芒果	0.2		5	0.1
	五爪蘋果	0.1		3	0.1
	葡萄	0.7		4	0.2
	水梨	0.4		3	0.2
	西瓜	0.6		4	0.3
	香瓜	0.6		7	0.2
	泰國芭樂	0.8		4	0.1

參考資料：行政院衛生署 台灣地區食品營養分析資料庫

第4章 親愛媽咪『健康寶寶篇』

baby

1 影響胎兒成長的因素

　　自從佑芳瞭解不僅在懷孕時、甚至懷孕前，自己身體的營養狀況都與寶寶的健康息息相關後，開始注意自己的生活起居，包括飲食習慣、運動與睡眠，連平日最愛喝的咖啡也都由每天兩杯減少為一杯了。

　　影響懷孕期營養狀況的因素包括：懷孕前及懷孕時的生活及飲食習慣、懷孕時的年齡，及身體的個別差異如體重等。

一 · 年齡

　　一般而言，女性在 32 至 29 歲是比較適宜懷孕、生產的年齡，但隨著社會生活形態的改變，目前結婚及婦女生育的年齡都有逐漸延後的趨勢，30 歲以後才開始考慮結婚，也有很多人 35 或 40 歲才懷孕生子。40 歲以上的產婦，尤其是初產婦，由於生理已開始出現老化的現象，胎兒較易發生先天畸形或死亡的情形，因此要加倍的注意。

二 · 飲食及生活習慣

　　許多婦女在懷孕前、或懷孕時，可能對某些食物，例如甜的或酸的食物有特別的偏愛，這種影響不大，但也不要攝取過多，而導致營養的攝取不均衡。但是，如果婦女在懷孕前有抽

煙或飲酒的習慣，一旦懷孕時，最好是戒除這些習慣，如果一時無法完全戒除，也必須有所節制。因為，許多醫學研究顯示，母親於懷孕時攝入過多的酒精、或抽煙過多，嬰兒出生的體重比較低。

三・個別差異

身體體型過於矮小的婦女，骨盆也比較狹窄，生產時可能比較困難；懷孕前或懷孕時體重過輕或過重，也都會影響胎兒的生長。而懷孕時母親罹患的疾病如糖尿病、心血管疾病等會影響營養的攝取與吸收，進而影響了胎兒的健康。

❷ 新生兒的篩檢

由於生活環境的改變及科技的進步，先天性異常的寶寶相對的增多，其中有些遺傳性疾病在寶寶初生之時並沒有明顯的症狀，等到發現時可能已錯過了最好的治療時機，因而帶給家庭經濟的壓力及精神的負擔是相當沉重的。「新生兒篩檢」即是預防先天性異常疾病的方法之一。

為了確定嬰兒的健康狀況，我國政府於民國 75 年起全國開始實施新生兒篩檢。寶寶出生 48 小時內，醫院會採取少量嬰兒的血液做先天性異常疾病的篩選，篩檢的內容包括了以下幾個項目。

一‧G-6-PD 缺乏症：

正式名稱為「葡萄糖-6-磷酸鹽脫氫酶缺乏症」，又俗稱為蠶豆症。這是一種最常見的遺傳性疾病，因紅血球內先天缺乏一種水解葡萄糖的酵素，致使紅血球的細胞膜無法受到正常的保護，而容易導致溶血現象。某些特殊情況下，如吃蠶豆、接觸樟腦丸、擦紫藥水、服用磺氨劑或解熱劑時，容易發生急性溶血性貧血，若不即時處理，可能影響生命危險。

如果寶寶出生後經過新生兒的篩檢過程，父母親們可以及早獲知嬰兒的身體狀況，避免接觸容易致病的因素，減少發病的機會或及早治療。

二‧苯酮尿症：

我們從食物中攝取的蛋白質必須在體內水解成為最小的分子「氨基酸」後才能被吸收、利用。目前所知的氨基酸有22種，其中一種稱為「苯丙氨酸」的氨基酸在正常狀況下，可藉由酵素的輔助，在體內轉變為另一種氨基酸，「酪氨酸」。如果酵素的活性不足，體內的苯丙氨酸則無法水解，因而會不斷累積，以致血中苯丙氨酸的濃度過高，導致所謂的「苯酮尿症」。

　　罹患苯酮尿症的嬰兒，在 3 個月左右會有餵食困難及嘔吐的現像；頭圍較小；由於黑色素的生成減少，皮膚及毛髮會變成金黃色；尿液及身體會有惡臭味；情況嚴重時會造成腦部傷害、智力不足。如果能在嬰兒出生後兩星期內篩選出此疾病，只要稍加注意的給予嬰兒餵食特殊飲食（低苯丙氨酸飲食），並定期檢查血液及尿液中苯丙氨酸的濃度，嬰兒身心的發育都會正常。

三‧高胱氨酸尿症：

　　此疾病與苯酮尿症類似，為蛋白質的代謝異常，是由於胱氨酸與甲硫氨酸代謝過程中缺乏某種酵素所致。罹患高胱氨酸尿症的嬰兒，會產生骨骼變形、血栓塞及智能不足等現象。如果經由篩檢診斷出後，給予嬰兒特殊飲食（低甲硫氨酸飲食）的治療，通常都能正常生長。

四‧半乳醣血症：

　　此為碳水化合物的代謝異常疾病。我們知道「乳醣」是大量存在於哺乳動物乳汁中的一種碳水化合物，在體內可以水解為「半乳醣」，而半乳醣又可水解為「葡萄醣」讓身

體吸收、利用。如果在半乳醣代謝為葡萄醣的過程中缺乏某些酵素，半乳糖會一直堆積在嬰兒體內，則產生腹瀉、嘔吐、黃疸、肝臟腫大等現象，也可能導致智能不足、肝硬化。篩檢中發現此種病例時，應立即給予不含乳醣及半乳醣的飲食（通常餵哺不含乳醣的特殊嬰兒配方來代替一般嬰兒配方），以避免以上所說的症狀發生。

五‧先天性甲狀腺功能低下症：

　　這是屬於內分泌腺疾病。發生原因包括胎兒期甲狀腺發育不全、腦垂體功能不足，或由於酵素的缺乏而影響甲狀腺素的合成，導致嬰兒毛髮較粗、聲音沙啞、舌頭大而突出，甚至生長遲滯，形成發育不足的「呆小症」。若在新生兒篩檢中診斷出此疾病，只要給予甲狀腺素治療，嬰兒均能正常成長發育。

　　當醫院檢查寶寶的血液後，如果發現可能罹患以上的疾病，會立刻通知家屬，再到醫院做進一步的檢查、確定，並給予適當的治療。如此，可以減少先天性遺傳疾病，提高國內人口的品質。

3 寶寶回家了

　　一般而言，生產時在醫院裡約住三天，一切順利後，媽咪就可以帶著寶寶回家了。但是寶寶來到一個全新的、與媽咪子宮裡完全不同的環境裡，需要一段時間去適應，因此媽咪們可能要花費一些心思給寶寶特別的照顧。尤其對於新手媽咪，所有的事物都是全新的，媽咪得花一些時間去學習，例如為寶寶換尿布、洗澡、處理臍帶等，如此，才能將寶寶照顧得好。

一・換尿布

　　當寶寶剛由媽咪的子宮來到這個世界，身體內的組織、器官仍未發育成熟，每天除了餵奶的時間外，大部份的時間幾乎都是在睡覺，媽咪不必太過擔心小寶寶是否生病了，或是否睡太多。此外，嬰兒的皮膚較細嫩，體溫調節能力差，對熱的散失比成人快好幾倍，所以通常嬰兒在睡覺或餵奶後會全身是汗，室溫應調節在攝氏25～28度間比較適合。寶寶所穿的衣服應以輕柔的棉質、易吸汗、耐洗的材質為佳；衣服型式也以易穿、易脫為主。寶寶解大、小便後，應該以溫水洗淨小屁股，再用毛巾輕輕擦拭乾。不需要刻意的使用痱子粉，以免粉末影響寶寶的呼吸道，擦乾之後，再換上乾淨的尿布就可以了。

二 · 量體溫

　　嬰兒如同成人一般，每天也都需要洗澡，洗澡前可以先為寶寶量體溫。因為新生兒的體溫調節中樞還未穩定，所以身體的溫度很容易受到外界環境的影響而呈現不同的變化，一般而言，約介於攝氏36.5～37.5度之間都屬正常。但是，如果發現寶寶臉部發紅、發熱、四肢冰冷，也應立即測量體溫。嬰兒測量體溫的方式與成人稍有不同，除了特殊情況（如腹瀉時）外，寶寶的體溫測量部位一般都為肛門。媽咪須先檢查肛溫溫度計（溫度計前端為圓球形）是否完好，如果溫度計沒有任何破損的情況，再將溫度計用手腕甩至攝氏35度以下，以凡士林等潤滑劑塗在溫度計上，再以旋轉的方式將溫度計插入肛門內約二公分深，約1分鐘後取出溫度計，以衛生紙擦乾淨，將溫度計放在與眼睛水平的位置查看度數是否為攝氏度之36.5～37.5度之間。

三 · 洗澎澎八部曲

　　為了避免因洗澡的動作太劇烈而導致寶寶吐奶，洗澡的時間通常選在餵奶前半小時，或餵奶後1小時進行；以一天當中較溫暖的時段為宜，如上午10點到下午2點之間。準備給寶寶洗澡時，先放冷水、再放熱水，媽咪可以用手腕的內側來測試水溫，只要感覺溫溫的、不燙即可，寶寶洗澡時間不要太長，約5～10分鐘即可。媽咪可一邊為寶寶洗澡，一邊與寶寶說話。

幫寶寶洗澡 8 步驟

步驟 1：將澡盆內放入冷水後，再加入熱水，水量以澡盆八分滿即可，並用手腕內部測試水溫，以攝氏 38~40 度為適當。

步驟 2： 媽媽坐在澡盆旁，將大毛巾平鋪在腿上，抱起寶寶坐在毛巾上並脫下衣服。再以大毛巾包起寶寶的身體，先用清水清洗臀部。

步驟 3：先以濕毛巾輕輕擦洗寶寶臉部，再以毛巾的四個角分別由內向外的擦拭眼睛。清洗毛巾後，用同樣方式擦拭寶寶鼻孔及耳朵。

步驟 4：用手掌輕輕托住寶寶的頭及頸部，大拇指及小指壓著寶寶耳殼防止水進入耳內。將寶寶頭部朝向澡盆，手臂及身體夾穩寶寶，髮上抹少量嬰兒洗髮精，輕柔的按摩頭皮後，以清水將洗髮精洗淨。

步驟 5 ： 把寶寶的頭靠在一隻手臂上
（左臂或右臂，可依習慣而
定），手指握住寶寶的腋下，
另一隻手握住寶寶的雙腿，
把寶寶的腳及身體慢慢放入
水中，以毛巾清洗身體。

步驟 6 ： 一隻手繼續緊扶著寶寶的頭
部，以另一隻手為寶寶塗抹
肥皂或沐浴乳，身體皺摺處
需要特別清洗乾淨。

步驟7：洗淨全身後，將寶寶抱起放在
　　　　大毛巾上、擦乾身體的水份，
　　　　也可塗抹一些潤膚乳液滋潤肌
　　　　膚。

步驟8：包上乾淨的尿布，並換上乾淨
　　　　的衣服就大功告成了。

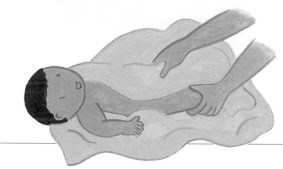

四‧臍帶護理

　　寶寶的臍帶大約在出生一、兩星期後會自動脫落。在臍帶
尚未脫落之前，每次洗完澡後必須做臍帶的護理，以預防感
染，並促使其早日脫落。寶寶洗完澡後，可以用棉花棒將臍帶
周圍的水份先擦乾，再以棉花棒沾取75%的酒精溶液，一手的
拇指及食指稍微撐開臍帶的皺摺處，另一手將沾有酒精溶液的
棉花棒由肚臍內部向外、環狀擦拭，每回依此同樣方式消毒臍
帶一、二次。

4 寶寶最好的食物──母乳

　　「母乳」是寶寶最好的天然食物，含有各種營養素及抗體，無論在「質」與「量」方面都符合嬰兒成長所需，是一般嬰兒配方奶粉永遠無法相比較的，而餵哺母乳也會讓每個女人感受到自己已成為真正的「母親」了。

餵母乳的寶寶抵抗力強

　　生產後的第二到第三天，媽咪們的乳房會分泌出量少且顏色微黃的乳汁，稱為「初乳」。初乳含有豐富的營養素及抗體，可增加嬰兒對疾病的抵抗力及胎便的排泄，3 到 5 天之後，乳汁會逐漸變為稀薄，由初乳轉變為「成熟乳」。母乳中的免疫物質在體內約可持續到產後 6 個月，因此，餵哺母乳的寶寶比較不容易感染呼吸道及消化道的疾病。餵哺母乳也最衛生與安全，可以免去沖泡奶粉及清洗奶瓶的麻煩，既經濟又安全。

　　此外，在餵哺母乳時，寶寶可以感受到母愛的溫暖，有利於寶寶情緒的發展及生理的健全，更可促進母子間的親情。對母親而言，餵哺母乳可以幫助母親產後子宮的收縮，促進產後身體的復原；也可延長產後

無月經的期間，達到自然避孕的效果；此外，餵哺母乳使乳汁的分泌正常，減少罹患乳癌的機會。

提早做好乳房護理

如果計劃產後要餵哺母乳的婦女，在懷孕的後期即應做好「乳房護理」，以拇指及食指做環狀旋轉及往外牽扯的動作，可先矯正乳頭過短或乳頭凹陷的情形。至於乳房的大小，並不會影響乳汁的分泌，倒是乳汁分泌較少時，不應該停止餵哺，反而應該愈讓寶寶吸吮，因為寶寶吸吮的動作會刺激母親的腦部，產生更多的泌乳激素，乳汁的分泌就會愈多。事實上，只要媽咪們注意自己的身體健康及攝取營養均衡的飲食，就能分泌良好的乳汁。

⑤ 母乳哺育的方法與技巧

許多新手媽咪很想親自餵哺母乳，可是不知該如何做，又羞於請教專業人員，一旦在哺餵期間發生問題時，很可能的就會「停止哺餵」，這是很可惜的。因此特別在此提供一些具體的方法與技巧，供各位準媽咪們參考。

一‧餵哺母乳的舒適姿勢

如果準媽咪們準備餵哺母乳，在生產後的 1 小時內就必須

開始。餵哺的姿勢有許多種，基本原則是採取舒服放鬆、有支托的姿勢。以下提供六種餵哺母乳的舒適姿勢，準媽咪們可以依需要選擇適合自己和寶寶的姿勢：

餵哺母乳時的 6 個方式

1.前握式：將寶寶抱於胸前，以柔軟的枕頭或靠墊做為支撐。

2.坐地式：坐臥於屋內安靜的角落，雙腿及背部墊以舒適的枕頭或靠墊，將寶寶抱於胸前。

3.臥床式：坐臥在床上，手部及背
後墊以舒適枕頭或靠
墊，將寶寶抱於胸前的
適當位置。

4.斜臥式：側臥於床上，頭部墊以舒適枕頭或靠墊，一手枕於頭部，另一手
將寶寶抱於適當位置。

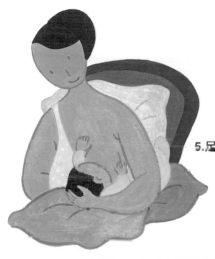

5.足球握式：坐臥於寬廣的椅上或床上，在腿上墊以柔軟的枕頭，一手輕扶寶寶頭部，另一手在枕頭下支撐寶寶。

6.坐椅：坐在椅子上，背部墊上舒適的靠墊，將寶寶抱於胸前，並以柔軟的枕頭或靠墊置於腿上做為支撐。

二‧協助嬰兒合宜的含住乳頭和乳暈

哺餵母乳前，先將雙手以肥皂洗淨，再以乾淨毛巾及溫水清潔乳房，之後，選擇一張舒適的椅子，加個椅墊在背部及自己的腿上，右手抱著寶寶，左手扶著右乳，以食指及中指將乳房稍為壓一下，把乳頭靠近寶寶的臉頰。剛開始時，由於初生嬰兒還不熟悉母親的乳頭、也不太懂得吸吮的方法，嬰兒可能會嚐試碰觸乳頭而已，並未吸吮，此時，不要擔心、也不要害怕，放鬆心情，再次將乳頭靠近寶寶的嘴邊，他就會自然的慢慢開始吸吮了，當乳頭及乳暈被寶寶吸到嘴裡時，就表示他已正常的喝奶了。

餵奶時，您可用指頭按住乳房，隔開寶寶的鼻孔，讓寶寶吸奶時可以呼吸暢通。第一天餵母乳時應左右兩邊乳房輪流哺餵，每邊各餵 3 到 5 分鐘，以後再逐漸延長餵哺時間。餵哺的姿勢並沒有一定，只要媽媽及寶寶覺得舒適，適時調整嬰兒和乳房的位置，使寶寶能順利吸吮乳汁即可。

幫助寶寶吸吮母乳的 3 步驟

步驟 1：用乳頭碰觸臉頰時，可鼓勵他轉到正確的方向，並張開他的嘴巴。

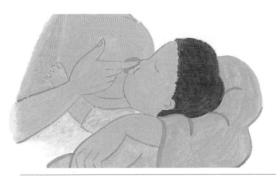

步驟 2：調整嬰兒的位置

步驟 3：調整乳房的位置

三‧餵奶的方法

　　為了讓兩邊乳房的乳汁能充份分泌，最好左、右兩邊乳房均能輪流餵哺，也就是說每次可以兩邊乳房餵哺；或這一次餵哺右邊，下一次則餵哺左邊的乳房。必須注意的是，當以不同的乳房餵哺寶寶時，不要把寶寶的身體反轉過來餵哺，這種動作會令寶寶的頭部左、右轉動，無法熟悉自己母親的特殊感覺，應該讓寶寶身體保持同一方向，只是前、後移動來接觸母親的左、右乳房。

　　剪刀式常易造成對乳腺管的壓迫，宜鼓勵採用手掌式。

1. 手掌式抓握法

2. 剪刀式抓握法

四、停止吸吮的方法

母乳是寶寶的天然
食物，比嬰兒配方食品
容易消化、吸收，所以
每天餵哺的次數也較嬰
兒配方食品多，依寶寶
的需求適時的哺餵。一
般而言，約 2 到 3 小時
餵哺母乳 1 次，平均每

天約餵哺 8 次、每次以兩邊乳房餵哺、每邊約餵哺 10 分鐘，常
寶寶吃飽後，可緩和的抬起寶寶的嘴角，用手指輕輕隔開寶寶
的嘴唇，停止寶寶的吸吮，而不要將乳房由寶寶口中強力的拉
開，以免不小心傷害乳房。

新手媽咪應多請教專業人員

初次餵母乳時，由於乳汁分泌較不順暢，寶寶的吸吮可能
會使媽咪的乳頭疼痛或破裂，待乳汁分泌正常時，此現象就會
逐漸改善。平常若用肥皂或酒精清洗乳房，也容易引起乳頭乾
裂，其實只需以清水清洗即可，不需要使用肥皂或酒精。一但
乳頭破裂，即應暫時停止此乳房的餵哺，而以另一邊的乳房來
餵哺寶寶，待一、兩天之後，乳房情況改善了再恢復正常哺
餵。

影響乳汁分泌多寡的因素很多，除了母親本身的身體健康狀況及飲食外，「泌乳反射」的行為也是一個影響因素。嬰兒吸吮乳房的動作會刺激乳腺小管的收縮，而將訊息反射到媽咪的腦部，腦部則會刺激泌乳激素而增加乳汁的分泌，所以說「寶寶愈吸吮、媽咪的乳汁分泌愈多！」。沒有哺乳經驗的新手媽咪可能會因缺乏信心或技巧，影響乳汁的分泌，只要自己有信心、不避諱請教專業人員，一定可以順利的以母乳餵哺，讓您的寶寶健康成長。

五·母乳儲存法

職業婦女的產假約有一個半月到兩個月，餵哺母乳的職業婦女如果因工作關係而不便哺餵母乳，可以在產假結束前的一、兩星期開始，每天搭配餵哺一或二餐的嬰兒配方，一旦寶寶適應了，上班之後就可以白天餵哺嬰兒配方、晚上仍然餵哺母乳。

另一種方式，可將母乳預先擠在奶瓶中，標示時間，置於冰箱內冷藏，約可貯存 6 ～ 8 天；若放於一般冷凍室，則可以貯存約兩星期。如果欲餵哺已放在奶瓶中冷藏的母乳，可以將裝有奶水的奶瓶放在溫水中溫熱後，即可餵哺；而冷凍後的奶水則需先以流動的冷水解凍，再放入熱水中溫熱即可。目前市面上有熱奶器，也是溫熱奶水的一個好方法。因為奶水營養豐富，較容易滋生細菌，每次餵哺後，奶瓶中的奶水如果沒有喝完，應該丟棄，不可留到下一餐再餵食寶寶，以免寶寶發生腹

瀉的現象。媽咪們須注意的是，不要用微波爐溫熱奶水，因為
經微波爐加熱的奶瓶表面摸起來並不熱，可是事實上內部的奶
水卻非常燙，因而極易燙傷寶寶嘴部而不自知。

母乳儲存法

擠出乳汁 → 倒入清潔容器 → 註明冷藏日期與時間 → 冷
藏 → 以溫水隔水加熱，並搖動容器

母乳存放的時間

擠奶前，要將手洗淨並消毒裝奶水的容器。母乳可存放之
時間如下:

溫度	保存有效時間
室溫下(25℃)	6~8小時
一般冰箱冷藏室(0～4℃)	6～8天
一般冰箱與冷藏室隔開的冷凍室(0℃)	3~4個月
低溫冷凍室(-18℃)	6~12個月

早產兒應儘量使用最新鮮母乳，因此冷
藏室的存放時間約為2天。

出生後 4 個月左右宜添加副食品

大家都承認，母乳是嬰兒最天然、適當的食物。然而，我們建議餵哺母乳的最長的期間最好是出生到 6 個月。當嬰兒餵哺母乳至 4 個月左右時，由於營養需求量增加，則應額外補充營養，尤其是鐵質。許多研究報告結果指出，當嬰兒持續餵哺母乳 4 到 6 個月後，如果沒有額外補充鐵質，體內鐵質的貯存量則會降低；到 8 到 9 個月大時，則可能產生鐵質缺乏症。

六‧以「嬰兒配方奶粉」取代母乳？

一般而言，餵哺母乳是最好的餵養方式，但有些情況下必須考慮是否以嬰兒配方奶粉取代母乳，例如母親本身罹患疾病、進行藥物治療時而影響乳汁的分泌；或是寶寶因疾病而無法吸吮母乳者，可以請教小兒科醫師以確定是否需以嬰兒配方奶粉取代母乳。至於媽咪本身為過敏體質，因而擔心寶寶也會有過敏體質時，最好以母乳哺育寶寶，並且在母乳哺餵期間，媽咪應盡量減少攝食高過敏原的食物，例如蛋、蝦、蟹、及堅果類如花生等，嬰兒體內產生的過敏免疫球蛋白自然也會減少。如果未請教小兒科醫師查出真正的過敏原因，而一味的使

用「水解蛋白嬰兒配方奶粉」餵哺寶寶，其實只是個治標不治本的方法而已。

七・常見的餵哺問題

新手媽咪在第一次餵哺母乳期間常遇到一些問題，如果當時沒有專業人員的指導、或親朋好友的鼓勵，很可能會中途停止。美國餵哺母乳的比例相當高，約可達80％到90％；而根據美國在1996年對「餵哺母乳常遇到的問題」所做的調查結果為：

常見的餵哺問題	
77%	乳頭疼痛
76%	乳房充血
35%	吸吮困難
30%	乳汁分泌不足
20%	乳房感染（輸乳管阻塞及乳腺炎）

1.乳頭疼痛

導致乳頭疼痛的原因包括母親不當的餵哺姿勢、乳房護理不當、寶寶不正確的含吮動作、寶寶吸吮功能不良、穿著的內衣過緊等。「預防勝於治療」，因此，母親應改變餵哺母乳時的姿勢；可以先以乾淨的小指放在寶寶口中，讓其訓練正確的吸吮方式；餵哺之前先以乳汁沾濕乳頭、餵哺後將乳房表面擦拭乾淨；以乾淨的藥膏塗在乳頭；穿著乾淨、適當的內衣，並襯以乳墊；以手或吸乳器擠出乳汁餵哺寶寶，讓乳房能獲得休息。

2.乳房充血

不正確的餵哺方式、乳房護理不足、寶寶吸吮功能不良，都可能致使母親的乳房皮膚顯現充血的情況。在餵哺之前先按摩或熱敷乳房，餵哺之間以沾有乾淨冷水的毛巾冷敷乳房，常做乳房護理，穿著適當的內衣，均可減少充血現象的產生。

3.吸吮困難

造成寶寶吸吮困難的原因很多，如餵哺姿勢不當而使母親或寶寶不舒服；母親手指擋住了過多的乳暈，使寶寶未能充份含著乳房；母親乳頭過於平坦；寶寶的嘴張開的不夠大；寶寶吸吮功能不良或吸奶時睡著了。因此，需要專業人員矯正母親或寶寶餵奶時的姿勢，並指導母親適當的將乳房靠近寶寶，等寶寶的嘴張開夠大時再餵哺。平日不要使用人工奶嘴（奶瓶）

餵哺，因為寶寶可以毫不費力的就由人工奶嘴吸到奶水，可能從此後就不願吸吮母乳；當寶寶睡著時，母親可以稍加壓擠乳房，讓寶寶醒來，繼續餵哺。

4.乳汁分泌不足

乳汁不足雖並不會讓母親覺得乳房不適，但卻是造成停止餵哺母乳的因素之一。餵哺時間及次數的不足，寶寶的吸吮動作較少，乳汁相對的就分泌較少（請參考本章節前段所述）；寶寶不正確的吸吮動作、或吸吮能力不足；使用人工奶嘴哄騙

寶寶，使得寶寶對乳頭的適應不良等原因，都可能導致乳汁分泌不足。當您發現乳汁分泌較少時，母親應注意每天攝取均衡的飲食，並充份的休息；只以母乳餵哺寶寶，而不使用奶嘴或奶瓶餵哺；餵哺之前先按摩乳房，每天餵哺母乳的次數也應增加，以刺激乳汁的分泌。至於寶寶的吸吮，則應給予訓練，讓寶寶能熟悉母親的乳房，加以吸吮；寶寶如果在餵哺當中睡著，母親可稍加壓擠乳房使寶寶醒來，並繼續餵哺。

5.輸乳管阻塞及乳腺炎

母親缺乏休息、母親乳頭已開始龜裂、餵哺母乳前雙手未清洗乾淨、餵哺時的姿勢不當、餵哺的時間及次數不夠、母乳夾雜著奶瓶餵哺、過度使用奶嘴安撫寶寶、內衣過緊等情況，都可能造成輸乳管阻塞及乳腺炎。在餵哺之前先將雙手清洗乾淨，並熱敷或按摩乳房；餵哺時將寶寶的鼻子與下頜置於母親乳房周圍的適當位置；每天增加餵哺的次數及時間；母親需要多休息；穿著較寬鬆的內衣；如果乳房出現紅腫、發熱、變硬，或母親有感冒現象時，應該立刻請教醫師，予以治療。

如果想持續餵哺母乳，不必過份擔心會遭遇到大問題。事實上，大部份餵哺母乳時所遇到的問題，在事前均可以預防。能否找出與寶寶之間「適當的餵哺方式」才是最重要的。

⑥ 嬰兒配方奶粉的哺餵

何謂「嬰兒配方奶粉」？

　　母乳是寶寶最好的食物，如果母乳不夠、或母親因某些原因不能哺餵母乳時，可以選擇「嬰兒配方奶粉」替代。所謂的「嬰兒配方奶粉」是指以牛奶或其它動、植物的成份做為基礎，並適當的添加各種營養素，能供給嬰兒成長發育所需的一種食品，也是我們俗稱的「嬰兒奶粉」。選擇嬰兒配方奶粉時，價錢並不是首要因素，而是應該選擇一個成份與母乳較接近的配方。此外，罐上外包裝是否清楚的標示所含有的各種營養成份、正確的沖調方法、保存期限、製造廠商的名稱及地址，最重要的是罐上是否清楚的寫明消費者服務專線電話，以便必要時可以與廠商聯絡。

如何選擇「嬰兒配方奶粉」？

　　母乳是寶寶最好的天然的食物，當無法餵哺母乳時，嬰兒配方奶粉應是另一種選擇。嬰兒配方奶粉的成分與母乳近似，但母乳中一些複雜的成分，例如抗體是目前生產技術還無法製造的。

　　市面上有許多標榜著含某些特殊成分的奶粉，琳瑯滿目，常令做父母的不知該如何選擇。以下幾點可供參考：

1. 知名廠牌，產品品質有保障

2. 外觀完整、無裂縫或凹痕

3. 清楚的罐上標示，包括：

❶ 均為中文標示：不論自任何國家進口的嬰兒配方奶粉，所有罐上標示均應為中文。

❷ 中、英文產品名稱

❸ 成分說明、營養成分分析、正確沖調方式及餵哺建議量

❹ 製造廠及進口商的公司名稱、地址及服務電話

❺ 製造日期與有效期限

❻ 衛生署核准之母子圖案〈一歲以下之嬰兒配方奶粉需經行政院衛生署審核，罐上並有母子圖案〉

❼ 可上網查詢衛生署審核過的嬰兒配方奶粉〈出生～6個月適用〉及較大嬰兒配方奶粉〈6～12月適用〉，網址為：**www.doh.gov.tw/ufile/Doc/**

4. 產品成分含量適當且適量

嬰兒配方奶粉中約有 50% 的熱量來自於脂肪，42% 左右的熱量來自醣類〈大部分為乳醣〉，8% 來自於蛋白質。此外，多種維生素、礦物質也必須包含於嬰兒配方奶粉內。

5. 必要時，應遵詢醫囑選購

當寶寶有異常現象如腹瀉或過敏產生時，應去看小兒專科醫師，接受醫師的指示用藥或選用特殊配方奶粉，而不是自行至藥房購買，因為大部分的異常現象發生並不是因為奶粉導致，而是另有原因的。

如何沖調「嬰兒配方奶粉」？

沖調嬰兒配方奶粉之前，所有的用具都必須洗淨、煮沸消毒，包括奶瓶、奶蓋、刮刀等。泡奶前先將雙手洗淨，水煮沸 10 分鐘之後備用（除了少部分的特殊配方奶粉，一般沖調奶粉的水溫通常為 40 度到 50 度，不可太高，以免破壞嬰兒配方中的營養素，尤其是維生素 C 及 B 群）。

依照配方奶粉罐上的指示，將足夠的開水裝於奶瓶中，打開嬰兒配方的罐蓋，以罐內的量匙舀出奶粉，用刮刀延著量匙口刮平奶粉，再倒入奶瓶中，奶粉的匙數與開水的量都必須依照罐上的指示加入（奶水沖調的太稀或太濃都會影響嬰兒的腸胃），套上奶嘴、蓋上奶蓋，以旋轉的方式左右輕輕搖動奶瓶，而不是上下搖幌，以免奶瓶內產生過多的氣泡。餵食寶寶

預約一個健康 Baby ...

之前先將數滴奶水滴於手腕內側，溫度適合後即可開始準備餵奶。

餵哺「嬰兒配方奶粉」

將寶寶抱在懷裡，先讓它感受媽咪的溫暖氣息，傾斜奶瓶使奶水充滿奶瓶頸，寶寶才不會吸入過多的空氣。奶嘴孔的大小也必須注意，以能一滴、一滴的流出為原則，奶嘴孔如果太大，奶水流動太快，寶寶容易嗆到；奶嘴孔太小時，寶寶吸吮困難而排斥喝奶。餵奶時，偶爾需將奶瓶移開，讓寶寶稍有喘息的機會，通常在 15 到 20 分鐘內將奶水餵完，餵哺時間最多不超過 30 分鐘，如果寶寶在餵奶當中睡著了，應停止哺餵，以免寶寶口中含有奶水而易產生「奶瓶性蛀牙」。

餵奶之後，抱起寶寶放在媽咪的肩膀上，輕拍寶寶背部，將吸入的空氣排出，並將寶寶放入床中，頭部稍稍墊高、右側臥，避免吐奶發生。餵奶後，所有的用具都必須清洗乾淨、消毒，以便下一次餵奶時使用。

如果一次沖調一整天的奶水使用量，可將多餘、尚未餵哺的奶水存放於冰箱中 24 小時，每回倒出一次餵哺的奶水量於消毒過的奶瓶中，隔水加溫後再給寶寶喝。已經喝過卻未喝完的奶水，必須丟棄，不可再保留到下一餐哺餵。

7 哺餵嬰兒常見的問題

一·寶寶喝多少才夠？

　　出生一、二個月的寶寶，通常不到 3 小時就會哇哇的哭著，表示肚子餓了，或已喝完奶水，卻還表現出一付不滿足的樣子，此時，媽媽就應該考慮給寶寶增加奶量了。大多數的寶寶滿兩個月以後，都可以撐到 4 至 5 個小時再吃下一餐，如果寶寶未到 4 小時就開始吵鬧，也應考慮慢慢增加奶量。如果 4 個月以上的寶寶，一次喝 240 C.C. 的奶水還不夠，則表示需要添加副食品，而不應只是增加奶量而已。

　　其實，每個階段的寶寶都有個別差異，只要寶寶生長正常，不需要特別刻意的去增加奶量。以下是供媽媽參考的餵奶量，建議以寶寶的體重做依據較好，而不是年齡。

嬰兒體重 (公斤)	嬰兒年齡	每次餵哺量 (C.C.)
3.0	0~2 星期	60~90
4.0	2~8 星期	90~120
5.0	2~3 個月	120~150
6.5	3~6 個月	150~180
7.5	6 個月以上	180~240

二・溢奶與吐奶

　　寶寶吸食奶水之後，進入身體的正常途徑是由口腔、喉嚨、食道、胃，再到腸，如果喝進去的奶水依反方向而行時，就會發生溢奶或吐奶的現象，但發生的程度，個人輕重不一。由於新生兒食道下的括約肌（也就是所謂的賁門）在橫膈膜的上方，喝進去的奶水比較容易逆流，如果奶水逆流量較少、或速度較緩慢時，只達到食道或喉嚨，我們稱為「溢奶」；而奶水逆流量大、速度也快時，奶水直接經食道、喉嚨衝向口腔，這才叫做「吐奶」。大約在寶寶六個月大時，括約肌會逐漸下移至橫膈膜的下方，奶水逆流的現象會自動的慢慢消失。

溢奶時的處理方法

　　寶寶出現溢奶現象時，媽媽可以嘗試以下列方式處理：

　　1. 首先應檢查餵奶時奶嘴孔的大小。媽媽以奶瓶沖泡奶水之後，可將奶瓶倒拿在手上，觀察奶水自奶瓶的流量。奶水若是一滴、一滴的流出，奶嘴孔則為大小適當；但是奶水若呈一直線流出，則表示奶嘴孔太大；如奶水無法流出，則是表示

奶嘴孔太小。建議準爸爸、準媽媽們，１、２個月大的寶寶可使用圓孔奶嘴，３、４個月的寶寶則使用十字或Ｙ字奶嘴。此外，也應注意寶寶的進食量（配合體重的需求）、及餵奶時間是否恰當。每餐的餵奶時間最好不要超過30分鐘，如果寶寶在餵奶當中睡著，則應停止餵食，以免寶寶吸入過多的空氣。餵食之間，如果寶寶吸吮奶水的速度太快，可能會吸入空氣，必須適時的停止餵食，並輕拍寶寶背部，排除已吞入的空氣，讓寶寶休息一會兒再喝。

2. 餵奶後，應輕拍寶寶的背部，注意寶寶是否確實打嗝，排除已吞入的空氣，再將寶寶抬高頭頸部約15度角，給予右側臥約30分鐘。不要立刻給寶寶換尿布(除非解便)，如果必須換尿布，也不要過度翻動寶寶的肢體。

3. 一般而言，「溢奶」為正常現象，但若係連續吐奶，則應請小兒科醫師診斷，找出原因，並加以治療。

三‧排便形狀、次數及顏色

寶寶在出生後24至48小時內會排出糞便，糞便呈墨綠色、黏稠狀，這種糞便叫做「胎便」。大約3至4天以後，糞便顏色會漸漸變成黃色或有一點綠色，質地則是黏糊狀且不成形，此稱為「轉化期糞便」，約1週後排出的糞便才是正常嬰兒的排便。

餵哺「母奶」的嬰兒便便

餵哺母奶的嬰兒的糞便，通常是黃至黃綠色，質地稀糊或較軟，微帶酸味或乳酸味，有時糞便中會混雜一些白色顆粒，這都是正常的。寶寶剛出生的幾個星期，排便的次數可由每餐一次到每日數次、或隔日一次不等。有些寶寶每餐餵食後必解便，但並不是拉肚子，這是因為寶寶餵食後胃部裝滿奶水，引起了腸蠕動，而有便意，這稱為「胃腸反射性排便」，也是正常的生理現象。其實，只要寶寶體重逐漸增加，排便次數多寡並不是非常重要的。一般而言，寶寶出生2、3個月後，排便的次數才會逐漸減少且成形。

餵哺「嬰兒配方奶粉」的嬰兒便便

餵哺嬰兒配方奶粉的寶寶，其糞便通常呈糊狀或條狀，顏色是黃色、黃棕色或墨綠色。由於飲食中蛋白質在體內的分解，餵哺嬰兒配方奶粉寶寶的糞便較難聞，糞便中的白色顆粒較大；也由於每個寶寶胃腸的蠕動對飲食的反應程度不一，寶寶每天排便的次數也會有所差異。只要排出的糞便不是稀稀水水的、或乾乾硬硬的，就沒有關係。

　　影響糞便顏色的因素很多，包括飲食、腸道細菌的種類、年齡、環境及一些未知的因素。如果寶寶排出綠便，可能與個人體質、年齡、腸內細菌的生長狀態、腸內酸鹼度都有關係，只要寶寶精神與活動正常，媽媽則不必太過耽心。

便便中的白色顆粒是正常現象

　　此外，不論餵哺母奶或嬰兒配方的初生寶寶，其糞便中常會發現一些白色顆粒，這是因為初生寶寶的胃腸尚未發育完全，導致飲食中的脂肪消化不全而排出於糞便中，俗稱「生理性糞便」，這些均為正常現象，會隨著年齡的增長而逐漸消失的。

四‧寶寶便秘了，怎麼辦？

便秘的原因

　　如果寶寶每星期排便2次以下，且糞便乾硬呈顆粒狀（如彈珠），則稱為便秘。便祕發生的原因很多，包括：

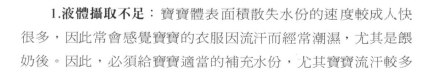

　　1.液體攝取不足：寶寶體表面積散失水份的速度較成人快很多，因此常會感覺寶寶的衣服因流汗而經常潮濕，尤其是餵奶後。因此，必須給寶寶適當的補充水份，尤其寶寶流汗較多

時。寶寶每天液體的攝取量倒底應該是多少，是以寶寶的體重、身體活動狀況而定，通常每天每公斤體重約需120~180 cc.的液體量，扣除奶量之後，剩餘的就是應該給予的水份。

舉例來說：

一個四個月大的寶寶，體重是6.5公斤，一天餵哺五次奶，每次喝奶量為200 C.C.。

一天的液體攝取量應為：120~180（C.C.）×6.5（公斤）= 780 ~ 1170 C.C.

一天的餵哺量為：200 C.C.×5次 = 1000 C.C.

補充水量約為：0 ~ 170 C.C.

2.嬰兒配方奶粉的沖調濃度不當：每種廠牌的嬰兒配方罐內的湯匙大小不同，沖調方法也不一，媽媽應詳細閱讀罐上資料，並按照罐上指示方法沖泡奶水。

3.纖維質攝取不足：寶寶年齡到達可以添加副食品時，可給予蔬菜泥或水果泥，以增加纖維質的攝取。

4.特殊疾病：無肌症、甲狀腺機能過低、巨腸症等疾病可能導致便秘的現象產生。

5.藥物：因生病而服用某些藥物時，也會導致便秘。

寶寶便秘處理方法

除了針對發生原因解決外，便秘時，可給予葡萄糖水（一包葡萄糖或一塊方糖加入 50~60 cc 的開水中），因葡萄糖水的滲透壓較高，可促進胃腸蠕動，使排便較為順暢。 3 個月以上的寶寶，可給予果汁，如酸梅汁等，但須用溫開水以 1 ： 1 的比例稀釋後再餵食。

除了上述的方法外，也可在寶寶餵食前的1小時，以食指及中指依順時鐘方向按摩寶寶肚臍周圍，或以溫度計或棉花棒沾凡士林後，刺激肛門，早晚各一次。嚴重便祕時，應該請教小兒科醫師，診斷是否有某些疾病，並加以治療。

五‧寶寶怎麼拉肚子了？

正常的嬰兒因胃、腸的反射作用，通常喝完奶後就會排便，每天約排便 5 次左右，這並不是病態。然而，如果排便次數太多，糞便呈水樣或有血絲，就必須要注意了。

腹瀉的原因

一般而言，「腹瀉」是指寶寶一天排便 4~5 次以上，且糞便呈水樣狀。腹瀉發生的原因也很多，包括：

1.奶水沖調濃度不正確：媽媽應詳細閱讀罐上資料，並按照罐上指示方法沖泡奶水。

2.換奶（品牌轉換或不同階段奶粉的轉換）：由於寶寶胃腸

道適應能力不一，換奶時可能有些寶寶會發生軟便的情形，這是正常現象。如果寶寶在換奶當中發生腹瀉時，則須注意轉換新奶粉的用量及轉換速度。在此也提醒各位，寶寶換奶期間，不要添加新的(寶寶從未食用過的)副食品，以便媽媽可清楚判斷是否為奶粉導致腹瀉，或另有原因。

3.添加新的副食品：如果寶寶在添加新的副食品時發生腹瀉現象，可能是寶寶無法適應此種新的食物所以應暫時停止餵食，等寶寶稍大時再試。

4.乳醣不耐症、牛奶蛋白過敏：應請小兒科醫師診斷，確定後再改用不含乳糖或水解蛋白嬰兒配方。

5.長牙：寶寶長牙期間喜歡抓東西放嘴裡咬，可能因細菌感染導致腹瀉。此時應常擦拭玩具，並保持寶寶手部清潔。

6.其他：細菌或病毒感染，如腸病毒或輪狀病毒，建議您立刻請教小兒科醫師，並加以治療。

✦8 副食品的添加

　　通常母乳的餵哺可以持續到六個月，然而，由於寶寶快速的成長，當寶寶三、四個月大時，母乳中的營養可能已經不敷寶寶需要，也由於寶寶腸胃道發育成熟，可以接受其他的食物了，因此，需要額外的添加副食品，也就是所謂的「斷奶」。

　　「斷奶」並不是不喝奶，而是「切斷奶瓶」的意思，也就是說「以杯子取代奶瓶」喝奶，除了餵哺奶類外，並需添加其他的食物，以補充寶寶成長所需的營養。副食品的添加並沒有一定的時間，一般多為寶寶 4 個月左右。但是，如果寶寶的體重已經增加為出生時的兩倍以上、或是每天喝奶的量已超過 1,000 毫升（c.c.）時，媽媽們即應該開始考慮給寶寶添加副食品了。

一‧添加副食品的一般原則

　　1. 容易消化且不易過敏的食物開始，例如米糊。

　　2. 一次只添加一種新的食物。

　　3. 由少量開始（一湯匙），再逐漸增加量。

4. 由濃度較稀的開始，再逐漸增加濃度，例如果汁需先以溫開水稀釋。

5. 製做副食品時，應選擇天然、新鮮的食物。

6. 不需添加鹽或各種調味料於副食品中。

7. 應將副食品放入碗或杯中，以湯匙餵食，讓寶寶適應成人的飲食方式。

　　每次餵食一種新的食物時，媽咪們應注意寶寶的糞便及皮膚狀況。餵食3、5天之後，沒有不良的反應，例如腹瀉、嘔吐、皮膚潮紅或出疹等現象發生，才可以再添加另外一種新的食物。如果餵食當中發生了不良的反應，應立刻停止餵食這種食物，並帶寶寶去看醫師，以確定原因。此外，還需注意的是，寶寶一歲以前，不要給予蛋白質含量高的食物，如蛋白或花生等，至於煮熟的蛋黃，一天不要超過一個的量。

二‧四至六個月寶寶的副食品

食物類別	食物及餵食形態一天	食用量
五穀根莖類	米糊或麥糊	1/2～1 碗
蔬菜類	胡蘿蔔、菠菜、青江菜、小白菜、空心菜等菜湯	1～2 茶匙
水果類	橘子、柳丁、西瓜、蕃石榴、葡萄等水果之汁	1～2 茶匙
奶類	母乳或嬰兒配方食品	每天5 次

（資料來源：行政院衛生署）

三・副食品一日食譜示範

餐別	食物名稱	食用量
早餐	母乳或嬰兒配方食品	
早點	母乳或嬰兒配方食品	
午餐	米糊	1 茶匙
	西瓜汁	1 茶匙
	母乳或嬰兒配方食品	
午點	母乳或嬰兒配方食品	
晚餐	米糊	1 茶匙
	菠菜汁	1 茶匙
晚點	母乳或嬰兒配方食品	

（資料來源：行政院衛生署）

baby

　　寶寶在大家的期待中來臨，媽咪十月懷胎的辛苦與不適，在見到寶寶的一剎那已完全被喜悅所取代。接下來的工作，除了照顧寶寶之外，媽咪本身健康的恢復也是很重要的。

　　一般正常生產後，在醫院裡約待三天即可回家。新手媽咪在回家之前，醫院裡的護理人員會告訴您一切所需要注意的事項，如果臨時有不懂或不清楚的事情，可以去電請教醫院裡的護理人員，或是詢問自己的親朋好友。

　　新手媽咪回到家後，應有適當的休息與睡眠以恢復體力，避免過度疲勞，通常約 1 星期後，即可開始做一些較為輕鬆的家事。此外，均衡營養的攝取也是很重要的，除了身體健康的恢復外，營養的充足與否也會影響乳汁分泌的多寡。因此，產後哺餵母乳的媽咪們，更應攝取含蛋白質豐富的食物，例如牛奶、魚、肉、蛋等食物，當然，水分的補充也是不可缺少的。

　　產後居住環境的溫度應適當，洗澡最好採用淋浴的方式，盡量不用盆浴，洗後立刻將身體擦乾；洗頭之後，也應立刻用吹風機將頭髮吹乾，避免著涼。生產回家後，如果有發燒現象、會陰部傷口疼痛不止、或大量出血，則應立刻至醫院檢查。回家

後，即使身體狀況一切正常，也應在產後 6 星期回醫院接受檢查，以確實了解自己身體是否真正恢復正常了。

1 產後的營養需求

在醫學上，我們稱「生產後到母體的生殖器官恢復正常功能」的這段期間為「產褥期」，就是一般俗稱的「坐月子」。中國人的觀念中，婦女生產的過程耗費了許多元氣，產後的 1 個月中是恢復身體健康的重要時期，我們通稱為「坐月子」。過去的農業社會裡，婦女們必須下田耕作，只有在生產之後，才能稍做休息、吃些有營養的食物，因而演進至現今坐月子時的休息及「進補」，例如麻油雞、生化湯等，雖然許多接受現代教育的婦女對於傳統坐月子的某些說法並不表贊同，但也有許多人遵循不諱。

以現代營養學的觀點來看，如果產後沒有親自哺餵母乳的婦女，其所需要的營養與一般正常的婦女是一樣的，應著重於「均衡營養」的攝取，每天除了補充蛋白質的食物外，也要多吃些蔬菜、水果，以獲取充份的膳食纖維，並攝取足夠的水分，以增加身體的新陳代謝。歐美國家並沒有所謂的「坐月子」，生產之後則依平日的飲食習慣，均衡的攝取六大類食物、適當的休息與睡眠、再加上產後運動，很短的時間內就恢復了正常的作息方式。

中國人的產後進補中，都會加入米酒一起烹調，酒精會抑制子宮的收縮，影響子宮的復原，而生產時所造成的傷口需要一段時間來恢復，因此，我們建議所有的食補最好是在傷口復原之後再開始。通常，自然生產的傷口約3到7天可恢復，剖腹產恢復所需的時間則較長，因人而異，通常是1到2週。

一・「麻油雞」的現代營養分析

中國人產後最常見的進補食品是麻油雞，所以我們以現代營養學的觀點來分析一下麻油雞的營養。麻油雞的做法是先把老薑以黑麻油爆香，加入雞塊炒熟後，再加入米酒一起燉煮數小時。

麻油雞的主要材料是雞肉，雞肉中含有豐富的蛋白質，是修復產後身體組織的重要營養素，對於哺餵母乳者的乳汁分泌也有幫助。

其次是麻油，麻油的成份中大部分是不飽和脂肪酸，為我們身體所需的「必需脂肪酸」，可以促進子宮的收縮，幫助子宮儘快的復原。

　　米酒含有 16% 的酒精成分，除了提供熱量外，酒精會促進血液循環，所以我們喝酒之後常會覺得身體發熱、發紅。然而，酒精卻會抑制子宮的收縮，延緩子宮功能的恢復，所以最好在產後一週，當子宮機能稍微恢復後，再添加米酒於食物中燉煮。老薑中含有辛辣的成份及芳香精油，可以促進食慾及健胃。

　　整體而言，麻油雞是一種高熱量、高蛋白質的飲食，的確是產婦恢復體力的好食物。此外，也有許多人是以豬腰或豬肝替代雞肉，至於是否一定要吃豬肝或豬腰（腎），其實沒有絕對的說法，只要營養均衡，各種食物都應攝取，而非專吃某一種特定的食物。對於哺餵母乳的媽咪來說，除了麻油雞外，花生豬腳與鯽魚湯也有增加乳汁分泌的作用。但是，還是得提醒大家坐月子期間仍要多攝取蔬菜、水果，以獲取足夠的維生素、礦物質及膳食纖維。

二・可以吃「生冷蔬菜」嗎？

蔬菜水果少不得

傳統的坐月子中，許多「生冷」的蔬菜及水果，例如白菜、白蘿蔔、竹筍、茄子、冬瓜、梨、西瓜等，是不被老一輩的長者所接受的。蔬菜、水果是六大類的食物之一，我們每天都必須吃蔬菜、水果，因每個人的身體差異不同，如果你吃了所謂的「生冷」蔬菜及水果之後，並沒有任何不舒適的情況產生，這些食物就是可以被你身體所接受的。如果為了不違背家中長者的好意，配合他們的說法，不妨多選擇一些可被接受的蔬菜、水果，每天變換、相互搭配，以獲取足夠的維生素、礦物質與膳食纖維。

三・坐月子可以喝水嗎？

水分攝取很重要

除了以上所說的食物外，還有一個大家所關心的問題，就是「水分的攝取」。在個人多次的演講當中，有許多懷孕婦女都詢問產後是否可以喝水的問題。其實，我們的身體裡約

有 70％ 都是水，也就是說「水」對每個人都是很重要的。水，可以代謝體內的廢物、調節身體的酸鹼度及體溫，如果我們體內的水分減少了 10％，身體代謝就會產生異常；如果減少了 20％，就可能導致死亡。所以，水分的攝取是很重要的，尤其是餵哺母乳的婦女，除了攝取富含蛋白質的食物外，更應多攝取水份，每天應該由開水（最好不是冰開水）、牛奶、湯汁、及水果中獲取充足的水。

四・產後可以洗頭、洗澡嗎？

注意保暖，洗頭、洗澡不忌諱

傳統的坐月子期間，在日常生活方面也有許多禁忌，例如不能洗頭、吹風。主要的原因，是因為古老的時代尚沒有小家電的發明，沒有吹風機或電暖氣，所以在坐月子期間為了避免著涼，就盡量不洗頭、不吹風。

但是以目前小家電進步發展的生活情況來看，坐月子期間是可以洗頭、洗澡的，只要在洗頭、洗澡之後，趕快擦乾，並以吹風機吹乾頭髮，或擦乾身體後，以電暖氣保暖即可，這樣才能維護個人身體衛生及皮膚的正常排泄功能。

從以上所述，「坐月子」是產後恢復身體健康狀況的良好時機，但因時代背景的不同，有些傳統習俗可能不適用於現代

的社會，因而使現代媽媽們覺得矛盾而無所適從，尤其是家中有年長的婆婆、媽媽在身邊叮嚀時，更不知該如何是好。

其實，當我們瞭解了坐月子的意義，及各種古老禁忌背後的涵義後，就可以適度的調整，自行選擇最適合自己坐月子的方式了。

② 恢復窈窕的產後運動

懷孕期間為了讓寶寶健康的成長，準媽媽們總是不斷的補充營養，當小寶寶健康的來到這個世界後，站在鏡子前一照，才驚訝的發現，不知什麼時後自己的腰部已圍起了層層的泳圈，心中不免一陣懊惱，只希望趕快回復窈窕的身材。

產後運動原則

產後兩週，傷口完全癒合，身體狀況也稍恢復，此時可以開始以「產後運動」做為恢復身材的方式。產後運動前應先排空膀胱，最好是在硬板床或地上做，早晚行之，避免在吃飽飯後做，需持之以恆，才能達到預期效果。

產後復原運動：

1. 胸部運動

時間：產後第 1 天開始

作法：仰臥地面，身體及腿伸直，慢慢吸氣擴大胸部，收下腹肌，背部緊壓地面，保持一會兒，然後放鬆，重覆5~10 次。

2. 乳部運動

時間：產後第 1 天開始

作法：兩臂左右平伸，然後上舉至兩掌相遇，保持手臂伸直，放回原處，重覆10~15 次。

215

3. 頸部胸部運動

> **時間：** 產後第 3 天開始

> **作法：** 舉起頭儘量彎向胸部，保持身體
> 其他部位不動，重覆 10~15 次。

4. 腿部運動

> **時間：** 產後第 5 天開始

> **作法：** 不用手幫助舉腿與身
> 體成直角，放下另一
> 腿作相同動作，待體
> 力稍強後，兩腿同時
> 舉起，重覆 10~15
> 次。

5. 臀部運動

時間：產後第 8 天開始

作法：一腿彎舉至腳跟觸及臀部，伸直
放下，再舉另一腿重覆，每日做
兩遍。

6. 收縮陰部運動

時間：產後第 10 至 15 天開始

作法：彎腿約成直角，身體挺起用肩部
支持，兩膝併攏腳分開，同時收
縮臀部肌肉，重覆數次，每日兩
遍。

7. 腹部運動

時間： 產後半個月開始

作法： 平臥地上，兩臂交叉胸前，坐
起，保持兩腿併攏在地上，待體
力較強後，雙手在頭後緊握，然
後坐起，重覆數次，每日兩次。

8. 膝胸臥式

時間： 產後半個月開始

作法： 將身體採跪伏姿勢，使頭側向一
邊，雙手屈起伏貼於胸部兩側之
地面，雙腿分開與肩同寬。胸與
肩儘量貼近地面，雙膝彎
曲，大腿與地面垂直。

③ 產後健康飲食

　　如果新手媽咪選擇以母奶哺餵寶寶，則會藉由乳汁提供給寶寶能量及各種營養素，因此飲食就非常重要了。由於餵哺母乳必須消耗能量，此時，我們不建議您做任何的體重控制，因為餵哺母乳的媽咪們其實都能維持良好的身材。如果您選擇以嬰兒配方餵哺寶寶，在產後可藉由飲食的調整來恢復體力及身材。

產後體重控制的正確觀念

　　控制體重之前必須有正確的觀念：以正常均衡的飲食為基礎，有耐心、持之以恆的運動，慢慢地將體內多餘的脂肪去除。不可以坊間的偏方、快速的方法減重，如此，雖然減少了體重，可能也減掉了自己身體的健康。

多選擇一些體積大但熱量低的蔬菜

　　正常的體重控制並不是完全不吃食物，而是每天仍應均衡的攝取六大類食物，但儘量減少高熱量、高脂肪、及高糖類

的飲食。有些食物中可能含有多量的油脂，卻是我們不易察覺的，例如花生、瓜子、及核果類，體積雖小，卻含有較高的油脂，因此所含的熱量也高，我們常在聊天當中會不知不覺的吃下了許多這種高熱量、體積小的食物。所以，平常必須注意，減少這些高熱量的零食。在正常的三餐中，也要避免攝取油炸的食物，至於豬腳、蹄膀、炸雞等高脂肪的肉類食品也應減少食用，多選擇一些體積大但熱量低的蔬菜類，例如小黃瓜、芹菜、筍、蘿蔔、高麗菜等。蔬菜含有較多的膳食纖維，熱量低，吃下後卻有很大的飽足感，不會因飢餓而不停的想吃東西。當然，未經加工的全穀類，如全麥吐司、糙米也含有較多的膳食纖維，是取代白米或麵包的好食物。

餐前先喝湯可減少攝食量

　　許多人為了控制體重往往不吃早餐，殊不知經過了一夜的空腹之後，早餐又沒進食，血糖因而降低，反而使人易感疲倦，影響了工作效率。也因為沒吃早餐，也許到了上午十點多左右，會因飢餓難挨而吃下了更多的零食，不但沒有減輕體重，反而體重不斷增加。此外，由於沒吃早餐，一天的所有熱量、營養素就必須分配在午餐及晚餐中攝取，根據醫學研究結果顯示，空腹的時間過長後，一次攝取較多的熱量反而會使吸收量增加，更易導致肥胖，最好的飲食方式還是由一天三餐中均衡的攝取各種營養。為了減少進食量，我們可以像歐美人士一般，在餐前先喝湯，讓胃先有一些飽足感後，再吃肉類或其他食物，自然而然的就會減少攝食量了。吃飯時別忘了細嚼慢嚥，吃飯的速度較慢時，容易有飽足感，不至於吃下太多的東西。

養成飲食紀錄的習慣

　　如果在飲食方面有任何疑問時，應請教營養師。為了提供營養師足夠的資訊作為參考，在此，建議各位新手媽咪，養成飲食紀錄的習慣，隨時記下所攝取的食物種類與量。如此，營養師就可以很快的從旁修正您體重控制的方式，讓您儘快恢復窈窕動人的身材。

✦④ 產後心情的調適

一個新生命的誕生會給家庭帶來許多喜悅，但也難免會帶來一些壓力，尤其對一些新手父母來說，

由於缺乏照顧寶寶的技巧，一下子要面對一個小家庭成員生活的一切，包括餵奶、洗澡、換尿布，甚至啼哭，都可能使新手父母筋疲力竭，因而有時會對婚姻的幸福感產生質疑。此時，看些育嬰書籍、收集資訊；或是請教父母、鄰居、朋友，吸取別人的經驗；或與專家討論，得到正確資訊與支持，以便做適當的心理調適。

正確積極面對產後憂鬱症

有些婦女在產後2到4週間，會因生活的改變而產生憂鬱症，例如頭痛、失眠、食慾不振，心裡感到絕望、無助。家人，尤其是先生，應該發掘問題所在，讓妻子能儘快恢復。一個新生命的降臨，做妻子的為了好好照顧寶寶，通常會將注意力由先生的身上轉移到新生兒，夫妻獨處的時間因而減少。此時，先生應該調整心態，體恤妻子的付出是為了兩人的寶貝，

夫妻之愛與孩子是不相衝突的，不應產生忌妒的心理。而做妻子的，除了照顧新生兒之外，最好能撥出一些時間與先生相處，維繫夫妻的親密感。孩子雖然是生活中重要的一部份，但保有一些屬於夫妻及自己的空間，才能使生活更愉快。

讓寶寶成為增加夫妻關係的動力

照顧新加入家庭成員的寶寶，可以說是增加夫妻關係的動力之一。彼此可以分擔照顧寶寶的責任及壓力，交換經驗以共同解決問題、討論教養孩子的構想，扮演一個稱職的父母親，使家庭生活更美滿、和諧。

沒有人天生就會當爸爸或媽媽的，不要對自己要求太高，因為許多的經驗都是從摸索中慢慢學習的。此外，孩子也是一個獨立的個體，不要把自己所有的期望全加在孩子身上，一旦孩子表現不如預期所想，立刻覺得失望。孩子是會長大的，不會永遠留在父母親身邊，放開心情，保有自己生活的空間，才是面對人生每一階段的最好方式。

國家圖書館出版品預行編目資料

預約一個健康 Baby／郭莉莉 著‧--臺北市：
文經社，2006（民95）
面；公分.--（文經家庭文庫；133）

ISBN 957-663-464-4（平裝）

1. 妊娠　　2. 營養　　3. 育兒

429.12　　　　　　　　　　　95001705

文經社

文經家庭文庫 133

預約一個健康 Baby

著 作 人─郭莉莉
發 行 人─趙元美
社　　 長─吳榮斌
企劃編輯─林麗文
美術編輯─劉玲珠
出 版 者─文經出版社有限公司
登 記 證─新聞局局版台業字第 2424 號
＜總社‧編輯部＞：
地　　 址─104　台北市建國北路二段 66 號 11 樓之一（文經大樓）
電　　 話─（02）2517－6688（代表號）
傳　　 真─（02）2515－3368
E - m a i l ─ cosmax.pub@msa.hinet.net
＜業務部＞：
地　　 址─241 台北縣三重市光復路一段 61 巷 27 號 11 樓 A（鴻運大樓）
電　　 話─（02）2278－3158 ‧ 2278－2563
傳　　 真─（02）2278－3168
E - m a i l ─ cosmax27@ms76.hinet.net
郵撥帳號─05088806 文經出版社有限公司
新加坡總代理─Novum Organum Publishing House Pte Ltd.　　TEL:65－6462－6141
馬來西亞總代理─Novum Organum Publishing House (M) Sdn. Bhd.　TEL:603－9179－6333
印 刷 所─普林特斯資訊有限公司
法律顧問─鄭玉燦律師（02）2915－5229
發 行 日─2006 年 3 月第一版　第　1　刷
　　　　　　　　　　　3 月　　　　第　2　刷

定價／新台幣 200 元　　　　Printed in Taiwan

文經社在「博客來網路書店」設有網頁。網址如下：
http://www.books.com.tw/publisher/001/cosmax.htm
鍵入上述網址可直接進入文經社網頁。